Sailesh Chitrakar

Análise FSI das turbinas Francis

Sailesh Chitrakar

Análise FSI das turbinas Francis

No contexto dos projectos carregados de sedimentos

ScienciaScripts

Imprint

Cover image: www.ingimage.com

This book is a translation from the original published under ISBN 978-3-659-87693-6.

Publisher:
Sciencia Scripts
is a trademark of
Dodo Books Indian Ocean Ltd. and OmniScriptum S.R.L publishing group

120 High Road, East Finchley, London, N2 9ED, United Kingdom
Str. Armeneasca 28/1, office 1, Chisinau MD-2012, Republic of Moldova, Europe
Managing Directors: Ieva Konstantinova, Victoria Ursu
info@omniscriptum.com

Printed at: see last page
ISBN: 978-620-8-62280-0

Índice:

Análise FSI de turbinas Francis expostas a sedimentos
Erosão
Sailesh Chitrakar
julho, 2013

Resumo

A erosão dos sedimentos é um dos principais desafios das turbinas hidráulicas, do ponto de vista da conceção e da manutenção, nos Himalaias e nos Andes. Trabalhos de investigação anteriores mostraram que a otimização das formas das pás do rotor da turbina Francis pode diminuir a erosão de forma significativa. O presente estudo, realizado como tese de mestrado, utilizou as concepções propostas em trabalhos anteriores e efectuou uma análise CFD numa única passagem de uma pá de rotor Francis para escolher uma conceção optimizada em termos de erosão e eficiência. Foram realizadas análises estruturais no projeto selecionado através de FSI unidirecional e bidirecional para comparar a integridade estrutural dos projectos.

Neste trabalho de tese, foram considerados dois tipos de casos para definir as condições de fronteira do modelo estrutural. No primeiro caso, considera-se que uma lâmina do rotor não tem influência da junta e de outros componentes mais rígidos. No segundo caso, foi modelado um sector de todo o rotor com as condições de fronteira necessárias. Foram efectuados FSI unidireccionais e bidireccionais nos casos para os projectos. Foram efectuados estudos independentes da malha para as concepções, mas apenas para o primeiro caso, ao passo que, no segundo caso, foi utilizada uma malha fina para tornar a análise adequada.

As cargas foram importadas para o domínio estrutural a partir do fluido nas interfaces para o FSI unidirecional. No caso do FSI bidirecional, o Multi-Field Solver (MFX) suportado pelo ANSYS foi utilizado para resolver a análise de campo acoplado. Um FSI totalmente acoplado no ANSYS funciona escrevendo um ficheiro de entrada no solver estrutural contendo a informação sobre as interfaces no domínio estrutural, que é importada para o solver de fluidos. A interação entre os dois domínios é definida no ANSYS-CFX, incluindo a deformação da malha e as configurações do solver. Os resultados foram pós-processados no CFX-Post, onde são incluídos os resultados de ambos os domínios. Verificou-se que a integridade estrutural do projeto optimizado é melhor do que a do projeto de referência em termos da tensão máxima induzida no rotor. A análise FSI bidirecional foi considerada como uma parte inevitável da análise numérica. No entanto, com o avanço da capacidade computacional no futuro, poderá haver uma grande margem de manobra no campo da investigação para efetuar uma simulação transiente totalmente acoplada para todo o rotor, a fim de obter uma solução mais precisa.

Palavras chave : Erosão sedimentar, FSI unidirecional, FSI bidirecional, turbina Francis

Agradecimentos

Gostaria de expressar a minha gratidão ao Professor Michel Cervantes pelo apoio contínuo, supervisão, comentários úteis, observações e empenhamento ao longo desta tese de mestrado. Além disso, gostaria de agradecer ao Sr. Biraj Singh Thapa por me ter dado todos os contributos necessários para a realização desta tese. O seu apoio constante, o seu encorajamento e a sua convicção em relação a mim e ao meu trabalho levaram-me a realizá-lo com eficácia e pontualidade. Gostaria também de agradecer ao meu coordenador do programa e docente, Professor Damian Vogt, por ter aceite a minha proposta de realizar a tese no Nepal.

Além disso, gostaria de manifestar o meu apreço a todos os membros do Laboratório de Ensaios de Turbinas, cuja atenção e apoio contínuos tornaram a minha estadia agradável. Gostaria também de agradecer aos Professores Bhola Thapa e Hari Prasad Neopane pela sua motivação contínua durante o projeto.

Por último, gostaria de agradecer aos meus pais que me motivaram e me ajudaram a concluir os meus trabalhos de KTM enquanto estive fora na KU.

Capítulo 1

Introdução

1.1 Antecedentes do trabalho

O Nepal é um país encravado entre a Índia e a China, abençoado com uma enorme diversidade geográfica e recursos hídricos. As possibilidades de utilização destes recursos sob a forma de desenvolvimento de energia hidroelétrica são enormes, no entanto, verificou-se que, até à data, apenas foi aproveitado cerca de 1% do total da energia hidroelétrica viável [1]. Não só as diferentes condições não permitem a instalação de novas centrais eléctricas nesta região, como também, devido ao excesso de sedimentos no rio Himalaia, os danos nos componentes das turbinas provocados pela erosão levaram à perda de eficiência e mesmo ao encerramento de muitas estações. A erosão dos sedimentos nas turbinas hidráulicas tornou-se um grande desafio do ponto de vista da conceção e da manutenção no Nepal. A central hidroelétrica de Jhimruk é uma das centrais hidroeléctricas do Nepal afectadas por uma grande quantidade de erosão sedimentar que reduz a vida útil dos componentes da turbina. Do mesmo modo, outras centrais eléctricas, como Marsyangdi, Panauti, Trishuli e Sunkoshi, são afectadas pela erosão. Foram efectuados trabalhos de investigação para diminuir a erosão, quer através de revestimento, quer através da minimização da concentração de sedimentos na água. Estes trabalhos de investigação mostram possibilidades que são inadequadas ou inviáveis do ponto de vista económico. No entanto, os trabalhos de investigação baseados na otimização do design das turbinas têm mostrado resultados positivos até certo ponto. Este estudo centra-se na conceção de referência (original) do rotor da turbina e na sua comparação com outras pás optimizadas em termos de erosão. A maior parte dos trabalhos efectuados anteriormente teve em conta apenas o campo de escoamento em torno da pá, e não o efeito do campo de escoamento na deformação da pá ou o efeito da deformação da pá na malha que a rodeia. Os resultados da Interação Fluido-Estrutura (FSI) podem ser inevitáveis na análise das propriedades mecânicas destas pás.

O Laboratório de Ensaios de Turbinas (TTL) da Universidade de Katmandu tem vindo a realizar várias investigações sobre pás erodidas e possíveis técnicas de otimização. A presente tese de mestrado é um esforço para consolidar os trabalhos anteriores efectuados sobre o melhoramento do projeto mecânico das turbinas Francis para lidar melhor com a erosão dos sedimentos, incluindo o efeito do FSI. Espera-se que este projeto traga uma mudança positiva e um avanço no domínio das soluções computacionais do campo de escoamento da turbina e da integridade estrutural, tendo em conta os danos causados pela erosão sedimentar. Tendo dito os desafios enfrentados devido à erosão sedimentar e a necessidade de FSI para fazer uma análise mais detalhada do cálculo, fazer uma análise FSI bem sucedida é em si um desafio. São poucos os estudos efectuados sobre as técnicas de acoplamento unidirecional no corredor de Francis e ainda menos sobre as soluções totalmente acopladas. A análise totalmente acoplada do corredor Francis exposto à erosão sedimentar será, portanto, um grande desafio neste projeto em termos de realização da simulação e validação dos resultados. Assim, este relatório também conterá alguns dos princípios básicos por trás do FSI e um exemplo de condução do FSI no ANSYS.

1.2 Universidade de Kathmandu (KU) e Laboratório de Ensaios de Turbinas (TTL)

A Universidade de Kathmandu é uma instituição autónoma, não lucrativa e não governamental criada em 1991, dedicada a manter elevados padrões de excelência académica. O Laboratório de Ensaios de Turbinas (TTL) foi criado em 2010-2011 nas instalações da KU com o apoio financeiro da NORAD e de outras indústrias nacionais. Com uma cabeça aberta de 30 metros e uma cabeça fechada de 150 metros, o TTL tem capacidade para testar diferentes turbinas hidráulicas até 300 kW e efetuar ensaios de modelos para tamanhos maiores. Este laboratório tem fortes motivações no sector da investigação, desenvolvimento, formação e educação. A criação do laboratório e os vários trabalhos de investigação conseguiram dar um passo em frente na abordagem dos desafios enfrentados pelas centrais hidroeléctricas para criar um futuro melhor no Nepal em termos de produção e eficiência energética. Os objectivos e actividades do TTL, de acordo com [2], são

- Desenvolver competências e conhecimentos no Nepal e no Sul da Ásia em termos de instalações de ensino e aprendizagem.

- O laboratório de turbinas hidráulicas efectuará a certificação de mini- e micro-turbinas vendidas no mercado regional e fará o ensaio de modelos de turbinas para centrais eléctricas de maior dimensão.
- Os trabalhos de investigação serão realizados com base na erosão das areias, turbina e bomba e manutenção de as turbinas.
- Serão realizados vários projectos para os estudantes da universidade nas indústrias relacionadas.

A KU e a TTL têm-se empenhado no desenvolvimento de turbinas hidráulicas expostas à erosão sedimentar. Têm também colaborado com várias instituições e empresas nacionais e internacionais para melhorar os seus padrões de investigação. Além disso, estão a ser utilizadas várias ferramentas numéricas e softwares computacionais para I&D de turbinas hidráulicas para caraterizar as partículas de sedimentos e otimizar o design da turbina Francis para minimizar a erosão dos sedimentos. Alguns dos trabalhos de investigação em curso realizados por este laboratório são discutidos em [2] e [3].

1.3 Objetivo do estudo

Os principais objectivos da presente tese são resumidos a seguir:

- Analisar os resultados dos estudos em curso e dos estudos anteriores, com vista à otimização da conceção hidráulica do corredor de Francis para um melhor manuseamento dos sedimentos.
- Introduzir as simulações baseadas em FSI do rotor Francis através de técnicas de acoplamento unidirecional e bidirecional para estabelecer a integridade mecânica do projeto, tanto para o projeto convencional como para o optimizado.
- Efetuar uma análise comparativa dos resultados entre CFD, FSI unidirecional e FSI bidirecional e identificar o nível de significância do FSI no domínio das turbinas Francis.

1.4 Metodologia do estudo

Este trabalho de investigação centra-se principalmente na realização de simulações FSI nas instalações do ANSYS para os rotores Francis de referência e optimizados. O rotor optimizado foi proposto em estudos anteriores [21], que se sabe ter reduzido a erosão através de análises CFD, sem influenciar a eficiência. Estas análises CFD foram validadas através de malhas e vários estudos paramétricos e uma pá de rotor com erosão mínima foi escolhida para análise estrutural. A pá de rotor optimizada foi então comparada com o projeto de referência através de uma análise FSI unidirecional e bidirecional para dois casos diferentes de condições de fronteira.

1.5 Âmbito do estudo

Este estudo abrange principalmente a utilização de ferramentas numéricas para a otimização do projeto das pás do rotor Francis para um melhor manuseamento dos sedimentos. A análise CFD foi efectuada em ANSYS-CFX, incluindo Turbo-grid para geração da malha. Os parâmetros de erosão foram utilizados a partir dos modelos suportados pelo ANSYS, enquanto a validação do modelo foi efectuada a partir de vários estudos paramétricos, incluindo um estudo de independência de malha para o projeto de referência. A análise FSI foi efectuada na parte estrutural estática do ANSYS Workbench. A técnica MFX de campos múltiplos foi utilizada para efetuar uma FSI bidirecional. Este estudo limita-se a uma simulação estável de uma pá de rotor único, considerando a simetria cíclica do modelo. A validação dos resultados requer dados experimentais que não estão incluídos neste trabalho de tese.

1.6 Esboço da tese

Esta tese está organizada em 10 capítulos. O capítulo 2 é constituído por uma parte introdutória das turbinas hidráulicas em geral e no contexto do Nepal. O capítulo 3 contém uma revisão pormenorizada da erosão de sedimentos em máquinas hidráulicas e da sua influência nas centrais hidroeléctricas do Nepal. Este capítulo contém também algumas formulações matemáticas de modelos de erosão, juntamente com os modelos suportados pelo ANSYS. Os estudos efectuados no domínio da análise numérica de turbinas expostas à erosão por investigadores anteriores são discutidos no Capítulo 4. A introdução ao FSI e as estratégias de condução do FSI no ANSYS são apresentadas no Capítulo 5. Os Capítulos 6, 7 e 8 contêm todas as análises numéricas efectuadas neste estudo, juntamente com os resultados dessas análises. As análises estão divididas de tal forma que foi criado um modelo CFD no início e o mesmo modelo foi utilizado nos capítulos seguintes para análises

FSI unidireccionais e bidireccionais. A discussão e a conclusão de todos os resultados estão incluídas no Capítulo 9. Finalmente, no Capítulo 10, são discutidas as possibilidades futuras no domínio em causa.

Capítulo 2

Turbinas hidroeléctricas

As máquinas hidroeléctricas são as máquinas que convertem a energia hidráulica da água em energia mecânica no eixo da máquina. Como qualquer outra máquina, estas máquinas envolvem várias perdas que surgem, em parte, na própria máquina e, em parte, na transferência de água para dentro e para fora da máquina, tais como perdas por fricção dos tubos, perdas devidas a curvas nos tubos, comportas, válvulas e perdas devidas à expansão e contração abruptas e graduais dos tubos [4]. Alguns dos componentes básicos de uma central hidroelétrica são enumerados a seguir [4] :

- Uma estrutura de desvio de água, como uma barragem ou um açude, que cria uma altura bruta de água.
- Uma comporta, que recebe a água da barragem e a transporta para as turbinas. É feita uma triagem na entrada, para evitar que objectos indesejados (detritos e animais aquáticos) entrem na turbina.
- Turbinas e sistema de controlo.
- Geradores eléctricos, equipamentos eléctricos de controlo e de comutação, caixas de equipamentos, transformadores e linhas de transmissão de eletricidade.
- Alguns dos outros componentes complementares são as comportas da comporta, o tanque de compensação e uma corrida de cauda, caso a água de escape da turbina não possa ser descarregada diretamente (através dos tubos de sucção) no rio. Os tubos de sucção são usados para utilizar a energia cinética da água que sai da turbina e permitem que a turbina seja instalada acima do nível da água de cauda sem diminuir a altura manométrica disponível e, portanto, a potência disponível.

2.1 Energia hidroelétrica no Nepal

A primeira central hidroelétrica foi instalada no Nepal em 22 de maio de 1911, em Pharping, com uma capacidade de 500 kW, o que constituiu um dos maiores projectos hidroeléctricos do sul da Ásia nessa altura. Desde então, o Nepal conseguiu aproveitar 698 MW, o que não representa sequer 1% do potencial energético viável do Nepal. 12Ironicamente, o Nepal é abençoado com imensos recursos hídricos, com uma precipitação média anual de cerca de 1700 mm. O escoamento médio anual total dos 600 rios do país que correm das altas montanhas é superior a 200 mil milhões de m^3 [1].

A maior parte das centrais eléctricas do Nepal são do tipo a fio de água, com energia disponível em excesso em relação à procura do país durante a estação das monções e em défice durante a estação seca [1]. Algumas das principais centrais hidroeléctricas do Nepal, bem como a sua organização e capacidade, são apresentadas no Quadro 2.1.

Quadro 2.1: Principais centrais hidroeléctricas do Nepal

Estação	Organização/empresa	Capacidade
Kaligandaki A	Autoridade da Eletricidade do Nepal (NEA)	144 MW
Médio Marsyangdi	NEA	70 MW
Marsyangdi	NEA	69 MW

Kulekhani 1	NEA	60 MW
Khimti	Himal Power Ltd.	60 MW
Bhotekoshi	Empresa de eletricidade de Bhotekoshi	36 MW
Kulekhani 2	NEA	32 MW
Trishuli	NEA	24 MW
Chilime	Companhia Hidroelétrica de Chilime	22 MW
Gandaki	NEA	15 MW
Jhimruk	Butwal Power Company Ltd.	12 MW

2.2 Princípios das turbinas hidráulicas

Qualquer rotor de turbomáquina pode ser representado por um sistema de equações conhecido como equação de Euler. No caso das turbinas hidráulicas, esta equação fornece a relação entre a altura manométrica total (Htot) e os triângulos de velocidade na entrada e na saída.

$$H_{tot}.g = U_2.C_{\theta_2} - U_1.C_{\theta_1} \qquad (2.1)$$

Onde,

$C_{\theta 2}$ componente circunferencial da velocidade absoluta à saída

$C_{\theta 1}$ componente circunferencial da velocidade absoluta à entrada

U2 : velocidade tangencial do corredor à saída

U1 : velocidade tangencial do corredor à entrada

Esta equação de Euler implica que, para que haja uma variação na altura manométrica total, são necessários dois ingredientes: a velocidade tangencial do rotor e a variação da componente circunferencial da velocidade ou variação da circulação entre a entrada e a saída da turbina.

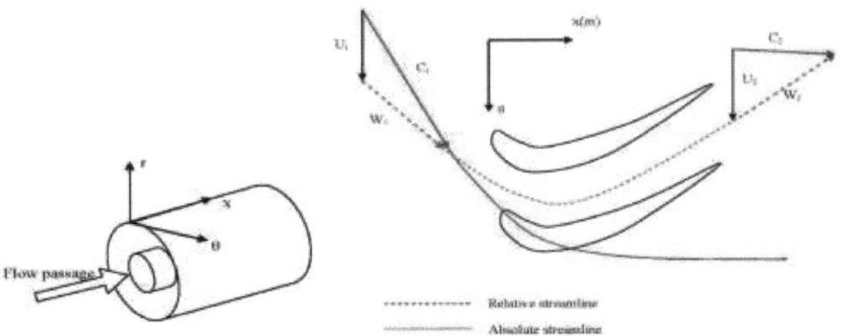

Figura 2.1: Coordenadas e triângulos de velocidade de um rotor típico de uma turbomáquina
No caso de U2= U1 :

$$H_{tot}.g = U.\Delta C_\theta \quad (2.2)$$

Dependendo do sinal de ΔC_θ, , o sinal de Htot pode ser determinado. Quando este valor é positivo, significa que a energia é adicionada ao fluido e estes tipos de dispositivos hidráulicos são designados por bombas. Quando este valor é negativo, significa que a energia é extraída do fluido e estes tipos de dispositivos são designados por turbinas. Os triângulos de velocidades de um rotor típico de uma turbomáquina são apresentados na Figura 2.1. As velocidades absolutas e relativas à entrada e à saída podem ser divididas em componentes axiais e circunferenciais. A partir da figura, $C_{\theta_2} < C_{\theta_1}$ i.e. $H_{tot} < 0$, , então este é o caso de uma turbina onde a energia é extraída do fluido.

No caso das turbinas radiais-axiais, o raio na entrada não é idêntico ao raio na saída. Isto significa que a velocidade tangencial do rotor é diferente à entrada e à saída. Além disso, as coordenadas axiais e meridionais não são as mesmas e, em vez da coordenada axial (x), tem de ser referida a coordenada meridional (m).

2.3 Cavitação

A cavitação é um dos principais desafios nas turbinas hidráulicas, que ocorre quando a pressão local cai abaixo da pressão de vapor da água. Isto acontece devido a um aumento da velocidade ou a uma queda da pressão ambiente. O vapor de água forma-se na zona de baixa pressão sob a forma de bolhas que, quando transportadas para zonas de maior pressão, podem colapsar violentamente. Este colapso induz pressões elevadas e provoca tensões de fadiga nos corpos próximos.

A Figura 2.2 apresenta um fenómeno geral de cavitação, supondo uma secção de um tubo onde circula um fluido a uma determinada temperatura e pressão com uma velocidade C1. Ao entrar na região contraída, a partir da conservação da massa, a velocidade do fluido C1 aumenta para C2 . De acordo com o princípio de Bernoulli, quando a velocidade do fluido aumenta, a pressão no fluido diminui para manter a pressão total constante. Esta figura mostra também a dependência da pressão de saturação relativamente à temperatura do fluido (água). À medida que a pressão no fluido diminui, o fluido evapora-se a uma temperatura mais baixa, o que significa a formação de bolhas. Quando o fluido atinge novamente a situação normal (condição não contraída), o fluido começa a desacelerar e as bolhas de vapor começam a desaparecer. Devido ao aumento da pressão do fluido, as bolhas de vapor implodem, emitindo pequenos microjactos de alta pressão. Estes microjactos, quando próximos das superfícies do material, rebentam com o material. Este processo é ilustrado na Figura 2.3. A cavitação no sistema pode ser verificada através de uma medida fornecida pelos fabricantes designada por NPSHr (Net Positive Suction Head required). Esta NPSHr é comparada com a NPSHa (Net Positive Suction Head available), que é um parâmetro do sistema que indica a altura manométrica excedente à entrada antes de ser atingida a pressão de saturação.

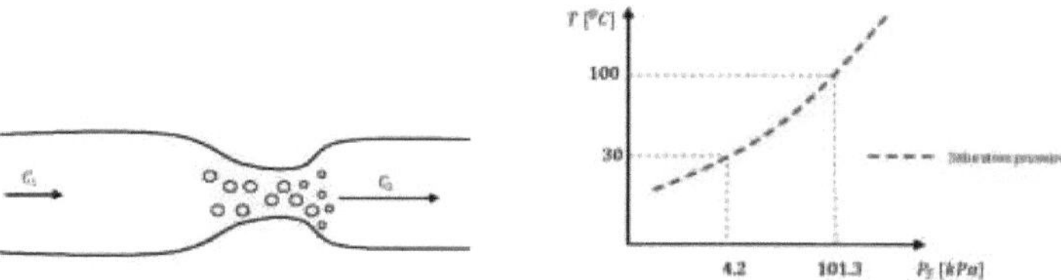

Figura 2.2: Cavitação devido à contração de um tubo e pressão de saturação versus temperatura do fluido

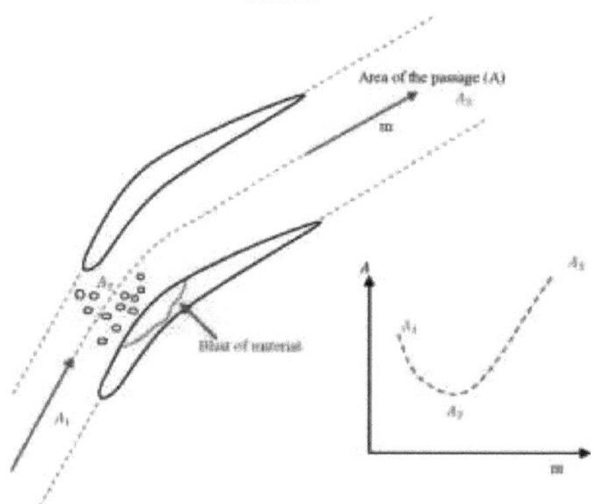

Figura 2.3: Cavitação ao longo de uma passagem com área não uniforme

2.4 Tipos de turbinas hidráulicas

As turbinas hidráulicas podem ser classificadas com base no seu grau de reação, que é a relação entre a queda de pressão estática através do rotor e a queda de pressão estática através do estágio. A turbina Pelton é uma turbina
fase de impulso com toda a perda de carga a ocorrer nos componentes fixos e sem perda de carga no rotor. As fases de reação, como as turbinas Francis e Kaplan, têm uma parte da perda de carga no rotor e uma parte da perda de carga no estator.

2.4.1 Turbinas Pelton

As turbinas Pelton são particularmente adequadas para aplicações de grande altura. O rotor tem a forma de um disco circular com baldes que são acionados por um ou mais bocais que emitem um jato perpendicular aos baldes. A figura 2.4 apresenta um exemplo de impacto de um jato, juntamente com os triângulos de velocidade. Na entrada, a velocidade do caudal é C1 e a velocidade tangencial do balde é U. A velocidade relativa do caudal torna-se então $W_1 - C_1 - U$. Since $C_{\theta_1} - C_1$ na entrada, este tipo de disposição dá ao turbilhão máximo (isto é, negativo ΔC_θ), dando assim a cabeça total máxima.

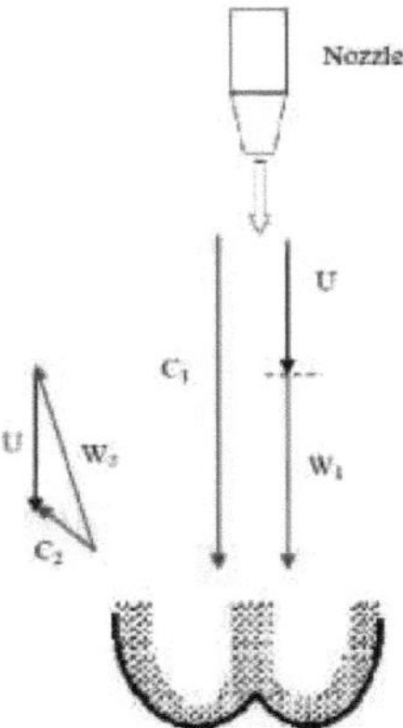

Figura 2.4: Impacto do jato num balde com os correspondentes triângulos de velocidade

2.4.2 Turbinas Kaplan

As turbinas Kaplan são turbinas de reação axial utilizadas normalmente em aplicações de baixa altura manométrica. As palhetas do rotor são semelhantes às dos rotores de turbinas de fluxo axial, mas concebidas com uma torção de modo a obter um fluxo de vórtice livre à entrada e um fluxo axial à saída, sendo o número de pás normalmente pequeno (4-6) [6]. Neste tipo de turbinas, o ângulo de escalonamento pode ser controlado em função das condições de carga para manter condições óptimas de eficiência. A Figura 2.5 mostra uma secção típica de uma turbina Kaplan, sendo que os triângulos de velocidade à entrada e à saída são semelhantes aos da Figura 2.1, exceto que a velocidade tangencial do rotor à entrada e à saída é igual, ou seja, $U1=$ U2 e também a componente axial da velocidade absoluta é constante, ou seja, $Cx = constante$.

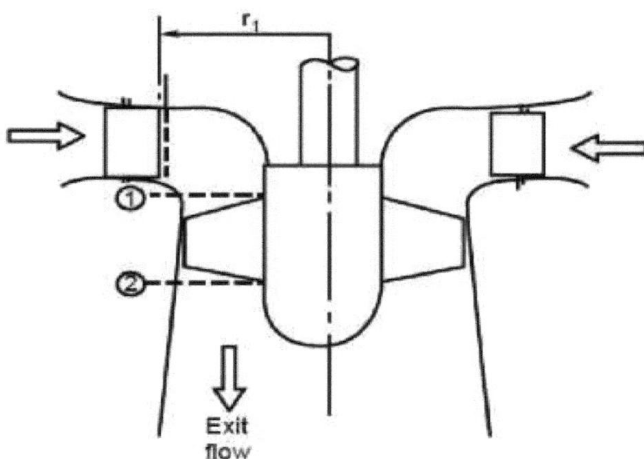

Figura 2.5: Secção de uma turbina Kaplan[6]

2.4.3 Turbinas Francis

A principal diferença entre as turbinas Pelton e Francis é que apenas uma parte da queda de pressão total na turbina Francis ocorre na entrada da turbina, enquanto a queda de pressão restante ocorre na própria turbina. Algumas das outras caraterísticas das turbinas Francis são [6] :

- Ao contrário da turbina Pelton, em que apenas um ou dois baldes estão em contacto com a água de cada vez, o fluxo nas turbinas Francis preenche completamente toda a passagem no rotor.
- Presença de palhetas-guia articuladas para controlar e dirigir o fluxo.
- Um tubo de sucção é uma parte integrante da turbina adicionada à saída da turbina.

Os componentes básicos de uma turbina Francis vertical são mostrados na Figura 2.6. Na prática, as turbinas com dimensões comparativamente pequenas são dispostas com eixo horizontal, enquanto a disposição vertical é usada para grandes dimensões [15]

Componentes das turbinas Francis

Em resumo, os componentes utilizados nas turbinas Francis, com as suas funções.

Invólucro em espiral

A caixa em espiral, também designada por voluta, transfere a água da comporta para o rotor. A área da secção transversal da voluta diminui continuamente de modo a manter uma velocidade de fluxo constante.

Palhetas de permanência

A partir da voluta, a água passa através das palhetas de suspensão, cujo principal objetivo é conduzir a água para as palhetas diretrizes e absorver as forças axiais da voluta. Estas palhetas têm uma forma favorável para ter uma influência mínima no caudal [7].

Palhetas-guia

O objetivo da palheta diretora é regular o caudal que entra na turbina. Este mecanismo de regulação

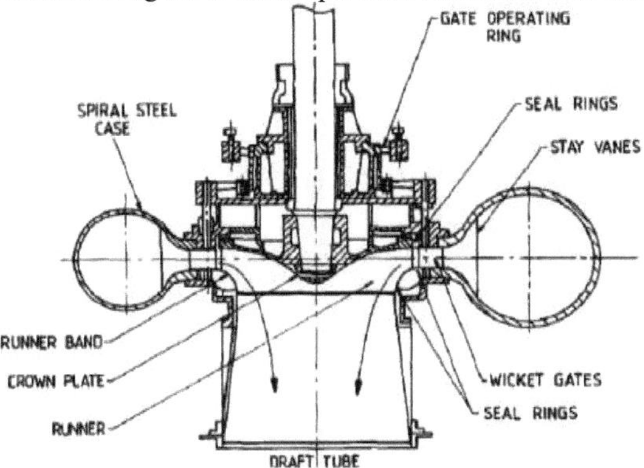

Figura 2.6: Alguns componentes básicos das turbinas Francis [4]

é acompanhado por braços e ligações de palhetas que são controlados por um sistema regulador que controla um servomotor ligado às palhetas-guia [7]. Estas palhetas direcionam o fluxo para o rotor nos ângulos mais adequados com a ajuda desta automação controlada.

Corredor

No rotor, o momento angular da água é reduzido e o trabalho é fornecido ao eixo da turbina [6]. Os rotores com maior altura manométrica requerem um maior número de pás de modo a reduzir a carga individual das pás e a separação na entrada do rotor durante cargas baixas [7]. Os rotores são geralmente feitos de aço inoxidável.

Labirintos

As perdas por fugas entre o rotor da turbina e a cobertura podem ser minimizadas através da colocação de vedantes de labirinto, de modo a impedir o fluxo de água da fenda. O labirinto é constituído por um vedante estático ligado às tampas e por uma parte rotativa ligada ao rotor [7].

Tubo de sucção

O tubo de sucção recolhe a água do corredor e transfere-a para a comporta de saída. O seu principal objetivo é converter a energia cinética à saída do corredor em energia de pressão à saída do tubo de sucção. Trata-se de uma estrutura semelhante a um difusor em que o fluxo desacelera com o aumento da secção transversal.

2.4.4 Trabalho realizado e eficiência da turbina Francis

3 A equação do momento de Euler pode ser utilizada para determinar o trabalho efectuado por uma turbina Francis. Algumas das grandezas conhecidas necessárias para este cálculo são a altura manométrica bruta, que é a diferença de níveis de água entre a corrida de cabeça e a corrida de cauda (Hg) e a perda de altura na comporta (Hf). Assim, a altura manométrica líquida ou disponível pode ser calculada através de (Hg - Hf), ou seja, a diferença entre a energia total disponível à saída da comporta e a energia total disponível à saída do tubo de sucção. Isto também é mostrado na seguinte equação [8]:

$$H = \left(\frac{p}{\rho.g} + \frac{V^2}{2.g} + z\right)_{penstock} - \left(\frac{p}{\rho.g} + \frac{V^2}{2.g} + z\right)_{draft\,tube} \qquad (2.3)$$

A expressão geral para o trabalho realizado de acordo com a equação do momento de Euler é dada por,

$$work\ done = \rho.Q(C_{\theta_1}.u_1 \pm C_{\theta_2}.u_2) \qquad (2.4)$$

Onde,

Q = Descarga através do corredor, m^3/s

Quando $C_{\theta_2} = 0$, obtém-se a saída máxima.

A eficiência hidráulica, nh, é dada pela potência total desenvolvida pelo rotor sobre a potência fornecida à turbina. Se H é a altura manométrica, então a entrada na turbina é dada por *p.g.Q.H.* Assim, a seguinte equação pode ser obtida:

$$\eta_h = \frac{\rho.Q(C_{\theta_1}.u_1)}{\rho.g.H.Q} \qquad (2.5)$$

ou,

$$\eta_h = \frac{C_{\theta_1}.u_1}{g.H} \qquad (2.6)$$

Eficiência mecânica,

$$\eta_m = \frac{Shaft\,power(P)}{Power\ developed\ by\ the\ runner} \qquad (2.7)$$

Eficiência global,

$$\eta_0 = \frac{Shaft\,power}{Water\,power} = \frac{P}{\rho.g.Q.H} \qquad (2.8)$$

$$\eta_0 = \eta_h * \eta_m \qquad (2.9)$$

Assim, a eficiência global da turbina Francis pode ser deduzida como um produto das eficiências hidráulica e mecânica.

2.4.5 Turbinas Francis no Nepal

A maioria das grandes centrais hidroeléctricas do Nepal utiliza turbinas Francis como principais dispositivos de conversão. Kaligandaki "A", que é a maior central eléctrica do Nepal (144 MW), utiliza três turbinas Francis de 48 MW com uma altura de 115 metros. Do mesmo modo, outras centrais hidroeléctricas, como Marsyangdi, Middle Marsyangdi, etc., também utilizam turbinas Francis. As especificações técnicas destas turbinas são apresentadas no quadro 2.2.

Quadro 2.2: Especificações técnicas das turbinas Francis instaladas nas centrais hidroeléctricas do Nepal

Estação	N.º x Unidade Potência	Cabeça [m]	N.º de lâminas[-]	Diâmetro do corredor [m]
Kaligandaki A	3 x 48 MW	115	13	2.306 -2.564
Médio Maryangdi	2 x 38 MW	96.5	13	2.256 max.
Marsyangdi	3 x 26 MW	-	13	1.93 -2.234
Bhotekoshi	2 x 22 MW	135.5	-	-
Jhimruk	3 x 4,2 MW	201.5	17	0.540 - 0.890

As turbinas apresentadas na tabela acima enfrentam continuamente o problema da erosão dos sedimentos. Mais informações sobre o problema de erosão destas turbinas são discutidas no Capítulo 3.

Capítulo 3

3 **de sedimentos**

A erosão, em geral, é uma das muitas categorias de desgaste causadas pelo impacto de partículas de sólidos ou líquidos contra a superfície de um objeto. O mecanismo do desgaste erosivo é bastante semelhante ao do desgaste abrasivo, mas no caso do desgaste abrasivo, o agente de erosão é muito maior em tamanho e o ângulo de impacto é menor. O desgaste erosivo, por outro lado, é acompanhado por partículas relativamente pequenas com vários mecanismos de desgaste. Estes mecanismos são diferenciados com base no ângulo de impacto, tamanho, forma e velocidade das partículas e nas propriedades mecânicas do material de base. A representação gráfica destes mecanismos é mostrada na Figura 3.1.

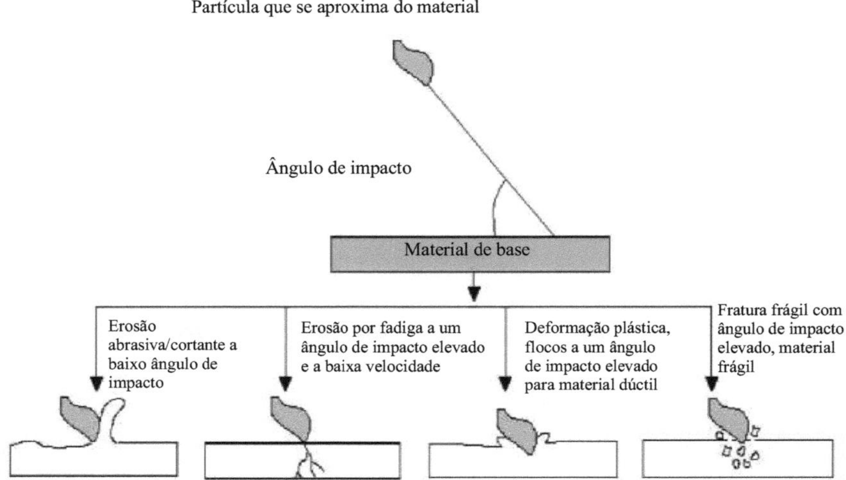

Figura 3.1: Mecanismos de desgaste erosivo [5]

A figura explica como a erosão ocorre, dependendo da orientação e das propriedades das partículas e do material de base. Estes parâmetros também fornecem a medida quantitativa do desgaste erosivo. Por exemplo, um ângulo de impacto baixo é favorável ao processo de desgaste, uma vez que as partículas são arrastadas através da superfície após o impacto. Do mesmo modo, se a velocidade for baixa, as tensões no impacto são insuficientes para a deformação plástica ou a fratura frágil. Nestes casos, o desgaste por fadiga superficial é mais provável, dependendo do limite de resistência do material de base. Se a forma da partícula em erosão for romba ou esférica, é mais provável que ocorra deformação plástica, ao passo que, se as partículas forem afiadas, o desgaste por corte é mais comum. Verificou-se que, para o modo dúctil, o desgaste erosivo máximo é geralmente encontrado próximo de um ângulo de 30°, enquanto que, para o modo frágil, o desgaste erosivo máximo é encontrado em torno de 90° do ângulo de impacto [5].

3.1 Comportamento dos materiais e revestimentos

Os materiais com uma dureza superior são geralmente preferidos no contexto da erosão sedimentar, mas também importa significativamente os ângulos de impacto das partículas que atingem o material. Os materiais mais comuns escolhidos são o aço inoxidável e as ligas de titânio e níquel. A formação de martensite resulta numa melhor temperabilidade e resistência à erosão, exceto em ângulos de impacto baixos e, para os aços de baixa liga, a fase ferrítica com carboneto esferoidal suficiente para induzir o reforço é muito eficaz contra o desgaste erosivo. Os vários comportamentos dos materiais e o efeito dos ângulos de impacto são apresentados na Figura 3.2.

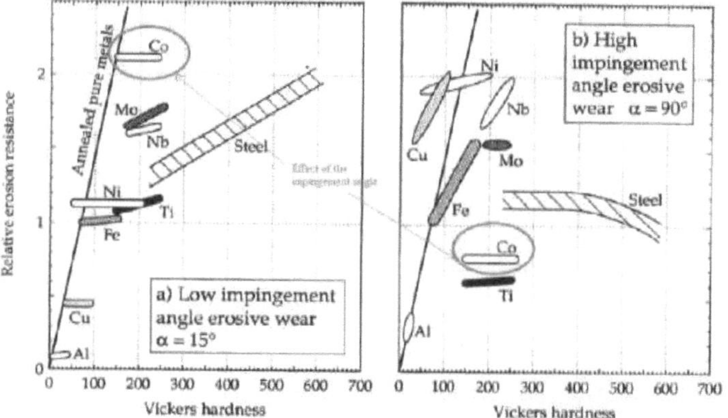

Figura 3.2: Desgaste erosivo para vários materiais em diferentes ângulos de impacto

Pode ver-se na figura que alguns materiais, como o cobalto, têm uma resistência à erosão muito boa num ângulo de impacto baixo, mas um dos piores materiais para ângulos de impacto elevados. De acordo com um estudo realizado entre um aço martensítico (13Cr4Ni) e um austenítico (21Cr4Ni), verificou-se que a resistência à erosão do 21Cr4Ni reforçado com azoto é superior à do primeiro devido à distribuição de carbonetos duros na matriz de austenite estabilizada [9].

Nas aplicações em que a temperatura de trabalho é elevada, as cerâmicas estão a ganhar um interesse particular devido às suas excelentes propriedades a altas temperaturas. No entanto, estes materiais são frágeis, o que pode resultar em fratura frágil.

A prevenção dos componentes da turbina pode ser efectuada através da aplicação de um revestimento na superfície. Estes materiais de revestimento dependem do ambiente exposto, por exemplo, se o ambiente é húmido ou seco (quente). O tipo de revestimento mais comum nas turbinas hidráulicas é o revestimento de carboneto de tungsténio (WC-Co), que utiliza normalmente 86-88% de WC e 6-13% de Co [10]. Estes revestimentos têm uma excelente dureza, com melhor aderência e grande tenacidade.

3.2 Erosão de sedimentos em máquinas hidráulicas

Os danos causados pela erosão nas máquinas hidráulicas podem ser diferenciados para as turbinas Pelton e Francis.

No caso das turbinas Pelton, a alta velocidade das partículas nos baldes é a principal razão da erosão dos sedimentos. No sistema de entrada, ou seja, no coletor e na válvula, apenas se observa um efeito moderado dos sedimentos devido à baixa velocidade de funcionamento. O efeito da erosão dos sedimentos observa-se sobretudo na ponta da agulha, nos anéis de vedação dos bocais e nos baldes do rotor. Especialmente no caso das turbinas de cabeça alta, o bombardeamento das partículas finas na superfície da agulha devido ao forte efeito de turbulência aumenta a taxa de erosão. No rotor da turbina Pelton, dependendo do tamanho das partículas, os danos são observados em várias partes dos rolos. No caso das partículas grossas, os danos ocorrem na área onde o jato atinge diretamente a superfície do balde e os danos superficiais são observados principalmente devido à ação de martelagem e não à ação de corte. As partículas finas, por outro lado, fluem juntamente com a água no interior do balde e atingem a superfície em direção à borda, causando erosão em direção à saída. Também é referido que os sedimentos com granulometria pequena danificam sobretudo as agulhas e os bocais, ao passo que os baldes de rotor apresentam danos insignificantes. Por outro lado, com as partículas grosseiras, os baldes Pelton sofrem maioritariamente erosão, enquanto os danos nos bocais são menos graves [15].

No caso das turbinas Francis, as regiões mais vulneráveis à erosão dos sedimentos são mostradas na Figura 3.3. A erosão ocorre nas palhetas de suspensão devido aos caudais secundários provenientes da caixa em espiral que provocam ângulos de escoamento não uniformes na entrada com velocidades absolutas elevadas. O sistema de palhetas-guia é altamente afetado pela erosão dos sedimentos devido à elevada velocidade absoluta e à aceleração. A erosão das palhetas-guia pode ser classificada em: erosão por turbulência na região de saída e na placa de revestimento devido à elevada velocidade das partículas finas, erosão do escoamento secundário no canto entre as palhetas-guia e as placas de revestimento , erosão por fuga na folga entre as palhetas-guia e as placas de revestimento e erosão por aceleração devido à separação de partículas grandes das linhas de corrente do escoamento principal devido à rotação da água em frente do rotor. Os vórtices gerados pelo caudal secundário e o caudal de fuga das palhetas-guia acabarão por passar pela entrada do rotor, causando danos na entrada do rotor. No rotor, a velocidade relativa mais elevada ocorre na região de saída, enquanto a velocidade absoluta e as acelerações mais elevadas ocorrem na entrada da pá. Devido à elevada velocidade relativa na saída, as partículas que se deslocam em direção ao diâmetro exterior do rotor causarão mais erosão na saída. Por outro lado, a região da entrada é sensível a uma distribuição incorrecta da pressão entre o lado da pressão e o lado da aspiração e qualquer separação causada por esta situação pode provocar uma erosão local grave na entrada [16]. Os vedantes de labirinto com uma folga pequena e partículas grosseiras podem ter um efeito de erosão e de abrasão. Do mesmo modo, a área em torno do tubo de sucção, mais próxima do rotor, está exposta a alta velocidade, o que provoca a erosão dos sedimentos nessa região.

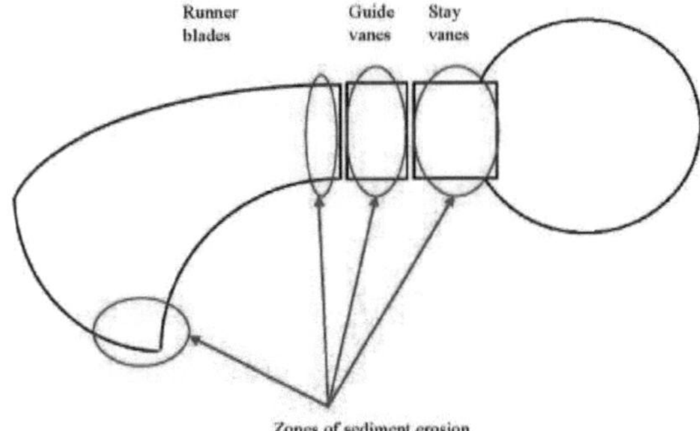

Figura 3.3: Áreas expostas ao desgaste por erosão de sedimentos em turbinas Francis [19]

3.3 Erosão sedimentar no Nepal

Os cenários climáticos e geográficos do Nepal são responsáveis pela degradação dos componentes da turbina hidráulica devido à erosão e à sedimentação. Estes cenários incluem principalmente o clima tropical, a geologia imatura e a intensa precipitação sazonal. Foi referido que só o Sudeste Asiático contribui para dois terços do transporte total de sedimentos para os oceanos, o que torna o problema da erosão e da sedimentação ainda mais difícil[16]. Desde que a primeira recolha de dados sobre sedimentos teve início no Nepal, em 1963, na bacia do rio Karnali, a sedimentologia surgiu como uma tarefa importante na maioria dos projectos hidroeléctricos recentes no Nepal. A vulnerabilidade dos sedimentos é geralmente avaliada pelo teor de quartzo, uma vez que estes materiais têm dureza suficiente para corroer o material da turbina. Os resultados mostram que os rios da bacia do Koshi têm, em média, um teor de quartzo superior a 60%, com mais partículas de quartzo a leste do que a oeste [17]. Mesmo com um sistema bem concebido de decantação e lavagem de sedimentos, centrais eléctricas como Marsyangdi, Khimti e Jhimruk têm graves problemas de erosão. Alguns dos danos erosivos causados por sedimentos na central eléctrica de Jhimruk são mostrados na Figura 3.4. A erosão dos sedimentos não só reduziu a eficiência das turbinas hidroeléctricas, como também causou vários problemas durante o período de operação e manutenção. Algumas soluções relacionadas com a mudança de material, revestimentos e sistemas de retenção de sedimentos foram

consideradas insuficientes ou inviáveis [15], [16], [17].
O efeito da erosão sedimentar não se limita apenas ao contexto da região dos Himalaias, sendo também significativamente observado na região dos Andes, na América do Sul. A central hidroelétrica de Cahua, de 22 MW, construída no Peru, pode ser tomada como exemplo. Verificou-se que a concentração de sedimentos excedeu 120 000 toneladas de sedimentos apenas após seis semanas de funcionamento, sendo o teor médio de quartzo de cerca de 35% e o de feldspato de cerca de 30% [16]. Uma das soluções recentes para evitar a erosão dos sedimentos consiste em melhorar a conceção hidráulica do canal de modo a que o efeito da erosão seja mínimo. No capítulo 4 são apresentados vários estudos sobre a otimização da conceção do corredor Francis.

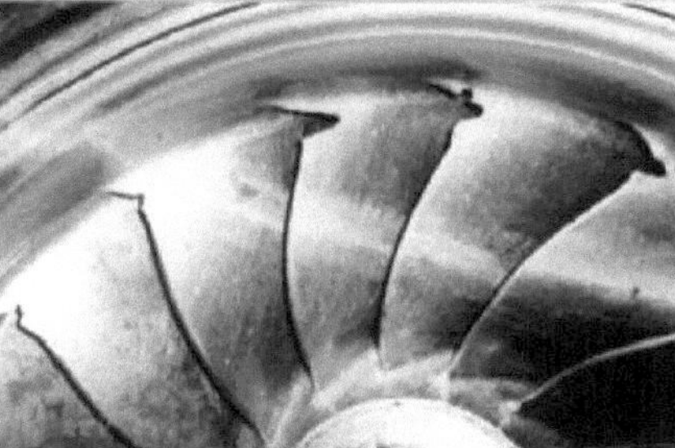

Figura 3.4: Desgaste por erosão de sedimentos nas palhetas-guia e nos rolos da turbina Francis em Jhimruk [19]

3.4 Modelos de erosão

A previsão da erosão em turbinas hidráulicas é efectuada com a ajuda de vários modelos de erosão. Estes modelos podem ajudar na conceção, operação e manutenção das turbinas para condições específicas do local. Os modelos de erosão são, na sua maioria, desenvolvidos através da dinâmica de partículas ou de relações empíricas e estatísticas obtidas a partir de experiências e vivências. A forma mais fundamental do modelo de erosão é dada pela Equação 3.1.

$$Erosion = f(operating\,condition, properties\,of\,the\,particles, properties\,of\,the\,base\,material) \quad (3.1)$$

A expressão para a erosão foi simplificada em [11], que é dada na Equação 3.2.

$$Erosion \propto (velocity)^m \quad (3.2)$$

Onde m é o expoente da velocidade. De acordo com [12], a fórmula mais geral para a erosão pura é dada pela Equação 3.3.

$$W = K_{mat}.K_{env}.C.V_p^m\,[mm/year] \quad (3.3)$$

Onde W é a taxa de erosão em mm/ano, K_{mat} é a constante do material e K_{env} é a constante do ambiente, C é a concentração das partículas e Vp é a velocidade da partícula.
Em [13] foi efectuada uma previsão da erosão com base em 8 anos de dados de erosão de 18 centrais hidroeléctricas, tendo sido sugerida a Equação 3.4 para calcular a erosão nas turbinas.

$$W - \beta.C^x.a^y.k_1.k_2.k_3.V^m\,[mm/year] \quad (3.4)$$

Onde W é a perda de espessura por unidade de tempo, *ß* é o coeficiente de turbina na parte erodida, V é a velocidade relativa do fluxo, a é o coeficiente médio de tamanho do grão com base no valor unitário para o tamanho do grão 0,05 mm. Os termos k1 e k2 são os coeficientes de forma e de dureza das partículas de areia e k3 é o coeficiente de resistência à abrasão do material. Os valores dos expoentes x e y correspondem à concentração e ao coeficiente de dimensão, respetivamente.
De acordo com [18], a taxa de erosão foi estimada através de ensaios laboratoriais de vários materiais de turbina em diferentes condições de ensaio. A equação 3.5 apresenta uma relação empírica para prever a taxa de erosão do 16Cr5Ni, que é o material de turbina mais utilizado.

$$y = 6E - 5x^{3.13}\,[mg/kg] \quad (3.5)$$

Em que x(m/s) é a velocidade das partículas erodidas que incidem no ângulo de 45e y é a perda do material em mg por kg de partículas erodidas que atingem a superfície.
Recentemente, foi proposto em [14] um modelo de erosão capaz de estimar tanto a taxa de erosão absoluta (mm/ano) como a correspondente redução da eficiência (% por ano) dos canais Francis devido às partículas em suspensão. Este modelo foi denominado como a versão melhorada dos dois modelos anteriores. A equação final obtida por este modelo foi dada pela Equação 3.6 e pela Equação 3.7.

$$E_r = C.K_{hardness}.K_{shape}.K_m.K_f.a.(size)^b\ [mm/year] \quad (3.6)$$

$$\eta_r = a.(E_r)^b\ [\%/year] \quad (3.7)$$

Em que *Km* é o fator de material, *Kf* é o fator de fluxo, K_{forma} é o fator de forma e K_{dureza} é o fator de dureza . a e b são as constantes empíricas definidas como :
a = 351.35, b = 1,4976 para o quartzo de quartzo de 38%,
a = 1199.8, b = 1,8025 para quartzo de quartzo de 60%, e
a = 1482.1, b = 1,8125 para quartzo de quartzo de 80%.

3.4.1 Modelos básicos de erosão no ANSYS-CFX

Existem duas opções de modelos de erosão no CFX, Finnie e Tabakoff. Com um maior número de parâmetros de entrada, o modelo Tabakoff oferece mais possibilidades de personalização, embora a escolha entre estes dois modelos dependa dos tipos de simulação. As equações desses modelos são discutidas a seguir:

Modelo de Finnie

Este modelo mostra que a erosão é afetada pelo ângulo de impacto e pela velocidade dada por:

$$E = kV_p^n f(\gamma) \quad (3.8)$$

Onde,
E é uma massa sem dimensão,
Vp é a velocidade de impacto das partículas e
$f(\gamma)$ é uma função adimensional do ângulo de impacto, expresso em radianos
n é o valor do expoente que se situa normalmente no intervalo de 2,3 a 2,5 para os metais.

Modelo de Tabakoff e Grant

Neste modelo, a taxa de erosão E é determinada a partir da seguinte relação:
Onde,

$$E = k_1.f(\gamma).V_p^2.cos^2(\gamma)[1 - R_T^2] + f(V_{PN}) \quad (3.9)$$

$$f(\gamma) = [1 + k_2.k_1.2sin(\gamma\frac{\pi/2}{\gamma_0})]^2 \quad (3.10)$$

$$R_T = 1 - k_4.V_P sin(\gamma) \quad (3.11)$$

$$f(V_{PN}) = k_3.(V_P sin(\gamma))^4 \quad (3.12)$$

$$k_2 = \begin{cases} 1 & \text{if } \gamma \leq 2\gamma_0 \\ 0 & \text{if } \gamma > 2\gamma_0 \end{cases} \quad (3.13)$$

Onde,
γ_0 é o ângulo de erosão máxima
kl a k4 , k12 e γ_0 são constantes do modelo e dependem da combinação partícula/material da parede.
O modelo de Tabakoff requer a especificação de cinco parâmetros: constante k12, 3 velocidades de referência e o ângulo de erosão máxima γ_0. Um exemplo destes parâmetros para o Quartzo-Alumínio é apresentado na Tabela 3.1.

Tabela 3.1: Coeficientes para Quartzo-Alumínio utilizando o Modelo de Erosão de Tabakoff

Variável	Coeficiente	Valor
k12	k12	0.585
Velocidade de referência 1	V1	159,11 [m/s]
Velocidade de referência 2	V3	194,75 [m/s]
Velocidade de referência 3	V4	190,5 [m/s]
Ângulo de erosão máxima	γ_0	25[deg]

Capítulo 4

Obras recentes - Revisão

Os danos nas máquinas hidráulicas devido à erosão da areia foram inicialmente estudados em [17] e [18] através de vários aspectos de conceção, como a seleção de materiais, a mecânica dos materiais e a hidráulica. Este trabalho de investigação conduziu à realização de mais investigações numéricas e experimentais, que se tornaram agora um aspeto integrante do projeto de máquinas.

4.1 Trabalhos de CFD

O estudo da erosão de sedimentos em turbinas hidráulicas foi efectuado num estudo de doutoramento em [16], incluindo estudos experimentais, simulação numérica e estudos de campo. A taxa de erosão foi prevista para as palhetas fixas, as palhetas-guia e as palhetas do rotor de uma turbina Francis para diferentes formas, tamanhos e concentrações de partículas e condições de funcionamento da turbina.
O presente projeto de investigação baseia-se num trabalho anterior sobre o projeto hidráulico de turbinas Francis expostas à erosão sedimentar [21]. O estudo mostrou que os métodos convencionais de projeto hidráulico de turbinas Francis podem ser melhorados para minimizar a erosão de sedimentos. A análise CFD realizada no ANSYS-CFX contém vários parâmetros mostrados na Tabela 4.1. A geração da malha em Turbogrid, a configuração do CFX e o resultado mostrando a densidade da taxa de erosão para um projeto convencional são mostrados nas Figuras 4.1, 4.2 e 4.3. As simulações foram efectuadas para uma passagem de um único rotor, tendo sido demonstrado que o diâmetro de saída do rotor, a velocidade periférica à entrada e a distribuição do ângulo das pás têm o maior efeito na erosão dos sedimentos dos rolos Francis. Para criar e otimizar o desenho dos rotores Francis, foi desenvolvido um programa GUI baseado em Matlab, denominado "KHOJ", que tornou o processo de otimização muito mais fácil. Mais informações sobre este programa podem ser encontradas em [21].
Outro estudo complementar foi efectuado em [19], onde foi realizada uma análise CFD num rotor de pá. Este estudo mostrou que a maior redução da erosão foi obtida através da diminuição da velocidade de rotação da turbina. No entanto, isto aumenta o custo do investimento devido à sua maior dimensão. Foi também efectuada uma abordagem alternativa, que mostrou que a redução da erosão também poderia ser obtida alterando a distribuição do ângulo das pás e, consequentemente, a distribuição da energia.

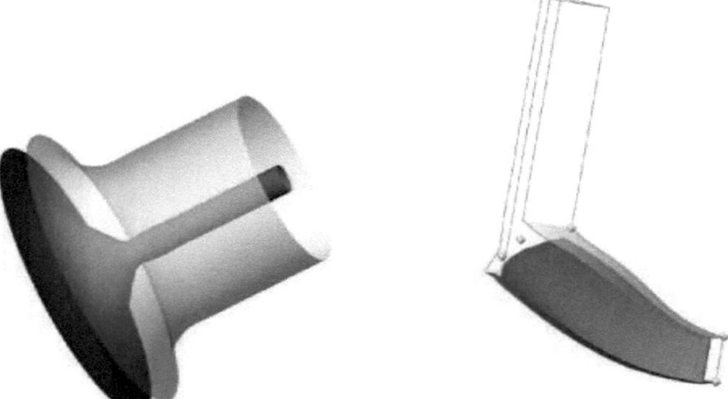

Figura 4.1: Cubo, cobertura e passagem da pá do Turbogrid

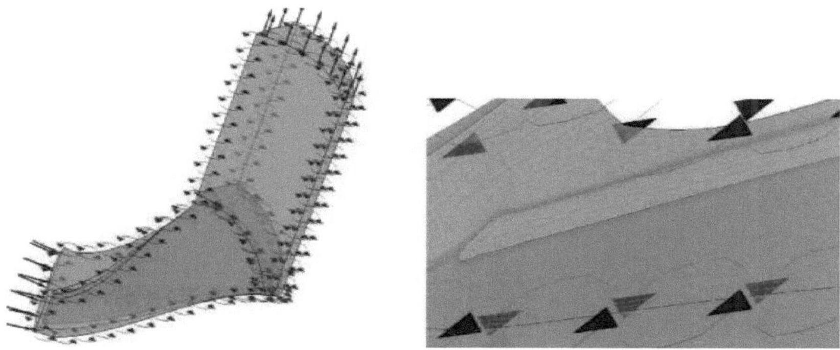

Figura 4.2: Ficheiro de configuração do CFX-pre mostrando a passagem da lâmina e a malha

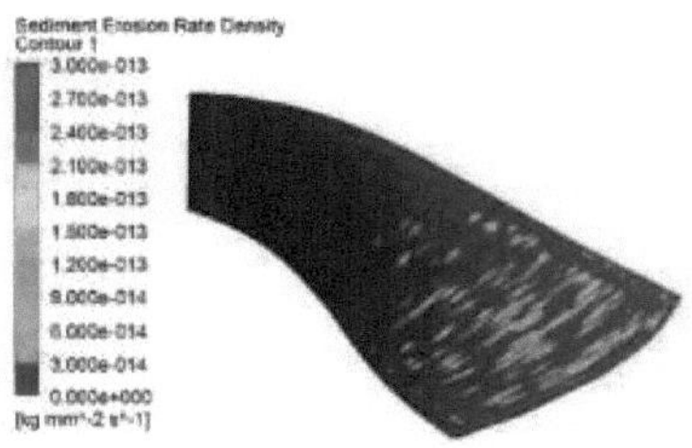

Figura 4.3: Densidade da taxa de erosão sedimentar da conceção de referência[21]

Tabela 4.1: Vários parâmetros do CFX utilizados no estudo[21]

Malha	
Elementos de malha	268455
Rácio do fator	2
Método dos elementos de parede próximos	y^+ (número de Reynolds = 500000)
Sedimentos	
Densidade do quartzo	2,65 gm/cm^3

Massa molar da partícula	1 kg/kmol
Diâmetro das partículas	0,1 mm
Parâmetros de erosão de Tabakoff	
k12	0.586
Velocidade de referência 1	159,11 m/s
Velocidade de referência 2	194,75 m/s
Velocidade de referência 3	190,5 m/s
Ângulo de max. Erosão	25 graus
Acoplamento de partículas	Acoplamento unidirecional
Domínio rotativo (R1)	
Velocidade angular	-1000 rev /min
Modelo de turbulência	SST
R1 Detalhe do contorno da lâmina/cubo/cobertura	Parede antiderrapante
Componentes de entrada	
Caudal mássico	138,235 kg/s

Direção do fluxo (componentes cilíndricos)	0, 0.214349, 0.976757
Turbulência	Médio(Intensidade = 5%)
Caudal mássico de partículas	0,07 kg/s
Posição da partícula	Injeção uniforme
Injeção uniforme	1000 (Especificação direta)
Saída	
Pressão relativa	1 atm
Perfil do Presidente Blend	0.05
Controlo do solucionador	
Máximo. Iterações	100
Tolerância residual	1E-4

4.2 Trabalhos do FSI

A necessidade do FSI foi sentida quando a resistência do material dos rotores Francis teve de ser analisada em conjunto com a eficiência hidráulica. No entanto, a aplicação do FSI ainda não foi totalmente estabelecida para o caso das turbinas Francis, especialmente quando expostas à erosão de sedimentos. Uma estratégia de acoplamento unidirecional foi apresentada em [7] para comparar a integridade estrutural entre o projeto de referência e o otimizado. O layout da análise FSI foi feito no ANSYS workbench, como mostrado na Figura 4.4. A carga de pressão do CFX é exportada para a análise estrutural através da definição de uma interface Fluid-Structure . Além disso, as condições de contorno do rotor foram definidas como mostrado na Figura 4.5. A distribuição de pressão entre a entrada e o labirinto superior na parte superior do cubo e na parte inferior da cobertura foi dada pela Equação 4.1. A distribuição da pressão na superfície do cubo entre o veio e a vedação do labirinto superior é dada pela Equação 4.2. Este FSI unidirecional era inadequado, uma vez que as deformações da estrutura não foram tidas em conta na análise do escoamento.

$$p(r) = p(x) = \rho.g.h(x) = (\rho.g)(h_i - \frac{k^2.\omega^2}{2.g}(r_i^2 - x^2))[Pa] \quad (4.1)$$

$$p(r) = p(x) = \rho.g.h(x) = (\rho.g)(h_p - \frac{k^2.\omega^2}{2.g}(r_p^2 - x^2))[Pa] \quad (4.2)$$

O conceito de um FSI totalmente acoplado em turbinas Francis foi introduzido num estudo [22] em que as equações particionadas fortemente acopladas são resolvidas separadamente utilizando diferentes solucionadores, mas são acopladas implicitamente num único módulo baseado num modelo de ordem reduzida. O modelo proposto é usado para prever os campos de escoamento instável de uma passagem completa em 3D, envolvendo a esteira, as palhetas diretrizes e as pás do rotor de uma turbina Francis. Este modelo de ordem reduzida baseia-se em apenas alguns modos de deslocamento e de tensão, o que não só poupa tempo de cálculo como também alarga o leque de aplicações em engenharia [22]. Este estudo também mostrou que os resultados numéricos, quando se considera a FSI, mostram uma melhor concordância com os resultados experimentais do que quando não se considera a FSI.

Um FSI acoplado de duas vias de uma turbina de hélice foi efectuado nas instalações do ANSYS para determinar a integridade mecânica das pás da turbina através da variação da rigidez das pás [23]. Neste estudo, foi utilizada uma simulação multi-campo como solvers de CFD e FEA para trocar informações na interface.

4.3 Outros trabalhos relevantes

No presente estudo, serão investigadas várias pás optimizadas, que foram estudadas anteriormente com CFD em [26]. As pás foram modificadas com base na distribuição do ângulo da pá desde a entrada até à saída. A representação gráfica dessas pás é mostrada na Figura 4.6. A forma 3 mostra a distribuição linear do ângulo da pá, que é escolhida como projeto de referência. Todas as outras concepções e os resultados do CFD são comparados com esta conceção. Estas formas das pás dão uma indicação de como a energia hidráulica é convertida em energia mecânica ao longo da direção do fluxo. Uma conceção de pá de rotor com a forma 1 converte metade da energia hidráulica do meio para a saída, enquanto a forma 2 converte a energia do início da pá até ao meio. O resultado deste estudo mostra que as distribuições dos ângulos das pás com as formas 4 e 5 têm efeitos de erosão reduzidos. A forma 4

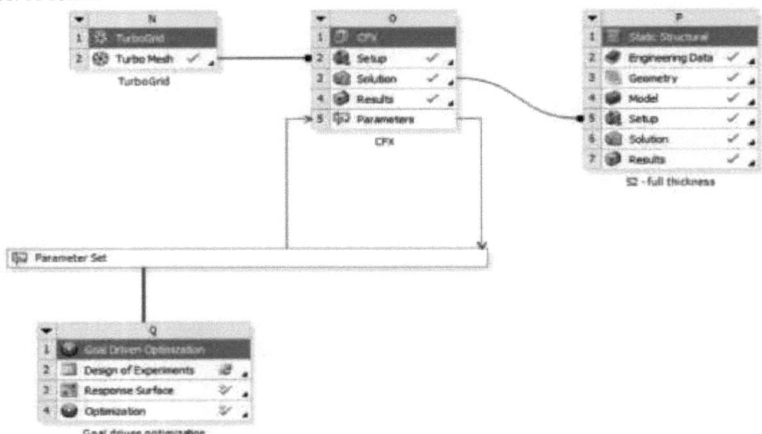

Figura 4.4: Esquema de análise do IEEF utilizado no estudo [7

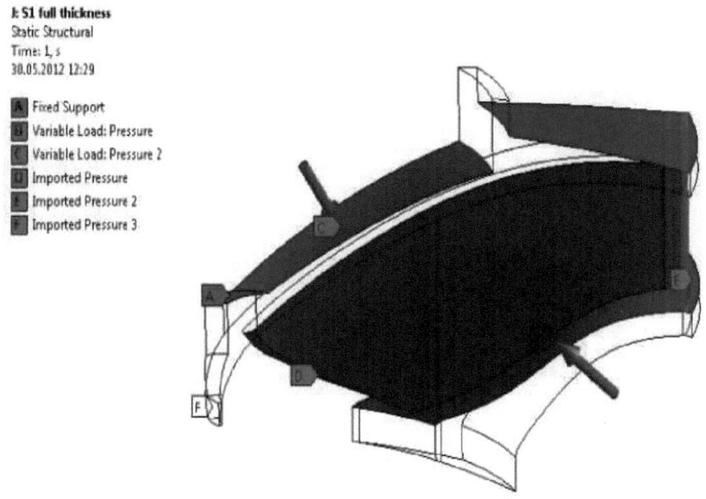

Figura 4.5: Condições de fronteira do corredor utilizado no estudo [7]

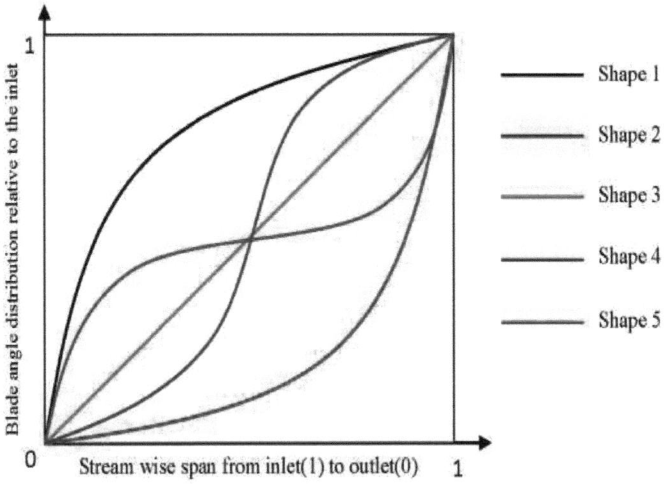

Figura 4.6: Estudo paramétrico da forma das lâminas [26]

terá reduzido a erosão em 60%, mas a eficiência será afetada negativamente. A forma 5 terá reduzido a erosão em 20% sem grandes alterações na eficiência. Estas formas serão analisadas neste projeto, agora também considerando o aspeto estrutural do design, para ver se as lâminas optimizadas concebidas podem suportar cargas de pressão iguais, maiores ou menores em comparação com o design de referência.

Capítulo 5

Revisão do FSI

Uma vez que o trabalho se destina a ser efectuado em ANSYS, o guia de campo acoplado ANSYS [24] é referido principalmente neste capítulo.

5.1 Análise de campo acoplado

Uma análise de campo acoplado é uma análise de engenharia multidisciplinar em que vários domínios independentes se combinam e interagem entre si para resolver um problema global de engenharia, de tal modo que o resultado de um domínio depende do(s) outro(s) domínio(s). O acoplamento pode ser unidirecional ou bidirecional. No acoplamento unidirecional, o efeito de um domínio é imposto ao outro domínio, mas não vice-versa. Na análise fluido-estrutura, quando a rigidez da estrutura é demasiado grande, a deflexão dessa estrutura tem um impacto negligenciável no campo de escoamento. Do mesmo modo, no caso do acoplamento temperatura-estrutura, o campo da temperatura afecta o campo estrutural gerando as deformações térmicas, mas as deformações estruturais têm um impacto negligenciável ou nulo no campo da temperatura. Para estes tipos de aplicações, é suficiente uma análise de acoplamento unidirecional. A abordagem clássica da FSI unidirecional consiste em calcular a distribuição da pressão na superfície por CFD, que é exportada para a FEA para calcular as tensões e deflexões na estrutura. O efeito da deflexão da estrutura no campo de escoamento em torno da estrutura é negligenciado no FSI unidirecional, pelo que este tipo de estratégia de acoplamento é também designado por análise parcialmente acoplada ou fracamente acoplada.
Um método de acoplamento bidirecional é um caso mais complexo em que todos os campos têm uma influência significativa uns sobre os outros. No caso da análise fluido-estrutura, quando a deflexão da estrutura não pode ser negligenciada, ou no caso do aquecimento por indução (análise magnético-térmica), a estratégia de acoplamento bidirecional é essencial.
De acordo com o guia de campo acoplado do ANSYS [24], a análise de campo acoplado é de dois tipos: Sequencial e Direta. O método sequencial consiste em duas ou mais análises de campos diferentes, que são executadas sequencialmente. O método direto, por outro lado, consiste numa única análise em que é utilizado um elemento de campo acoplado que contém informações de ambos os campos. O método direto é sobretudo utilizado quando a interação acoplada é altamente não linear. O método sequencial oferece soluções independentes dos diferentes campos, proporcionando maior flexibilidade e eficiência quando a interação acoplada não tem um elevado grau de não linearidade. O acoplamento pode ser feito sequencialmente através de um ficheiro de física ou através do solver multi-campo (no caso do ANSYS, ANSYS-Multi field solver).

5.1.1 Método sequencial - Ficheiros físicos

A análise física é baseada numa única malha de elementos finitos em toda a física. Utilizando o ambiente físico, as cargas são transferidas explicitamente para fora da análise. Um ficheiro de física é lido para configurar a base de dados, uma solução é executada, outro campo de física é lido na base de dados, as cargas de campo acoplado são transferidas e a segunda física é resolvida.

5.1.2 Método Sequencial - solucionador de campos múltiplosANSYS

O solucionador multi-campo proporciona uma ferramenta mais robusta, precisa e fácil de utilizar do que o procedimento baseado em ficheiros de física. Neste caso, cada física é criada como um campo com um modelo e uma malha independentes. As cargas acopladas são automaticamente transferidas através de malhas diferentes pelo solver. No ANSYS, o solver multi-campo pode ser implementado por dois métodos.

MFS-Código único

O código MFS é utilizado quando os modelos pequenos são utilizados com todo o campo físico contido num único produto executável. Utiliza um acoplamento iterativo em que cada física é resolvida sequencialmente e cada equação matricial é resolvida separadamente. O solucionador repete a iteração entre cada física até que as cargas transferidas através da interface física convergem.

MFX-Código múltiplo

O código MFX é utilizado quando é necessário simular modelos muito maiores do que o MFS. É a versão melhorada do ANSYS multi-field solver utilizada para simulações com campos físicos distribuídos entre mais do que um produto executável (por exemplo, entre ANSYS multiphysics ou Mechanical e CFX). Um solver de campo executa diferentes códigos envolvidos na interação acoplada. Esses campos são então acoplados usando uma forma de iteração chamada 'stagger iteration'. O ciclo de solução é agora constituído por dois ciclos. O loop de tempo multi-campo e o loop de escalonamento multi-campo. A Figura 5.2 apresenta um exemplo do processo do solver ANSYS multifield para a interação fluido-estrutura entre o ANSYS mechanical e o ANSYS CFX. A solução é dividida em dois solvers diferentes, um dos quais é chamado de master e o outro de slave. O master executa a configuração do acoplamento (lê todos os comandos do MFX, recolhe as malhas de interface dos códigos slave, faz o mapeamento) e envia instruções (controlos de tempo e de stagger loop) para o executável slave. Por outro lado, o código slave recebe a informação de acoplamento do código master e envia as malhas de interface para o master. No MFX, o código ANSYS é sempre o mestre e o código CFX é sempre o escravo. No presente estudo, o código MFX será utilizado para implementar o FSI devido à flexibilidade e à robustez que proporciona para o acoplamento fluido-estrutura.

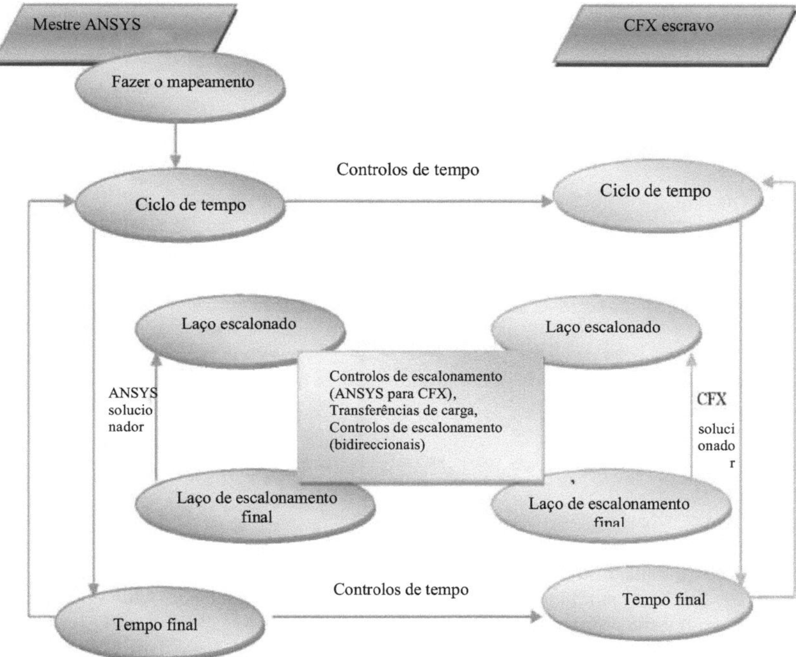

Figura 5.1: Processo do solucionador multi-campo ANSYS [24]

5.2 Estratégia de FSI em ANSYS

A solução MFX pode ser efectuada no ANSYS com as seguintes estratégias sequenciais:

5.2.1 Configurar modelos ANSYS e CFX

Uma vez que o procedimento MFX consiste em dois solucionadores independentes, os modelos têm de ser criados para cada um deles. Este consiste na geometria, na malha, nas condições de fronteira, nas opções de análise, nas opções de saída, etc.

5.2.2 Bandeira Condições da interface do campo

A transferência de carga entre os dois campos é feita na interface, onde a informação é partilhada entre as duas malhas diferentes através de interpolação. Para tal, é utilizado um determinado índice para especificar as interfaces. No ANSYS, as superfícies são marcadas por um número de interface, enquanto que no CFX, as superfícies são marcadas por um nome de interface (FSIN).

5.2.3 Configurar a entrada principal

Até agora, os procedimentos de configuração são efectuados nos solucionadores individuais e os parâmetros são relacionados com eles separadamente. Nesta parte, é efectuada toda a configuração da análise acoplada. Isto inclui controlos MFX globais, transferência de carga de interface, controlos de tempo, operações de mapeamento e soluções de escalonamento.

5.2.4 Obter a solução

Após a imposição de uma configuração válida, o programa é executado com êxito e o pós-processamento dos resultados pode ser efectuado de forma semelhante, como quando os campos são resolvidos independentemente.

5.3 Equações directoras em FSI

O problema da interação fluido-estrutura acoplada pode ser considerado como um problema de três campos, ou seja, o escoamento do fluido, a deformação estrutural e a malha em movimento. Estes campos são regidos pelas suas respectivas equações governantes [25].

Equação de Navier-Stokes

$$\frac{\delta}{\delta t}(\rho u_i) + \nabla.\rho.u.u_i - -\nabla p + \nabla.\mu.\nabla.u_i + F_f(t) \qquad (5.1)$$

Onde,
u = velocidade,
p = densidade,
μ= viscosidade dinâmica,
p = pressão,
ui = componente cartesiana da velocidade u na direção xi , $Ff(t)$ = vetor de carga transitória definido para o fluido.

A equação da continuidade para o escoamento incompressível é dada por,

$$\nabla.\vec{u} = 0 \qquad (5.2)$$

A *equação de movimento* de uma estrutura elástica pode ser escrita como :

$$M\ddot{X} + C\dot{X} + KX = F_s(t) \qquad (5.3)$$

Onde,
X = deslocação,
M = Matriz de massa,
K = Matriz de rigidez,
C = Matriz de amortecimento,
Fs (t) = Vetor de carga transitória definido para o sólido.

Finalmente, o *movimento da malha* no domínio dos fluidos pode ser modelado como um problema pseudo-estrutural com a sua própria dinâmica, com um movimento de malha baseado em molas, regido por [25],

$$K_m.d_m - f_m(t) \qquad (5.4)$$

Onde,
Km = uma matriz de rigidez pseudo-estrutural que é definida para todo o domínio,
dm = deslocação da malha,

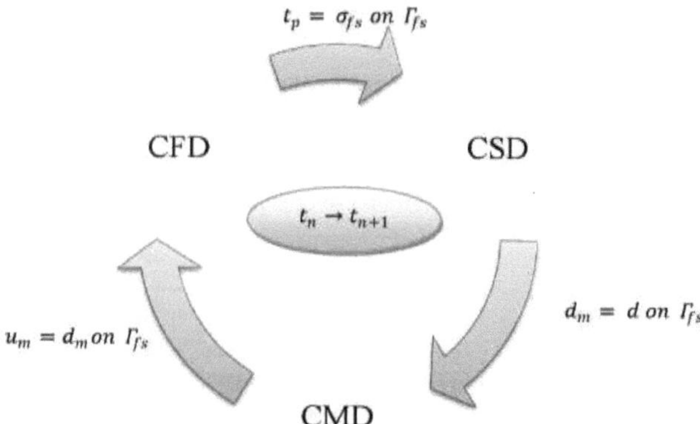

Figura 5.2: Esquema da interação fluido-estrutura

O diagrama esquemático da representação da FSI é apresentado na Figura 5.2. A figura mostra a interação entre os três campos e a informação de fronteira partilhada entre cada domínio. A partir da dinâmica dos fluidos, utilizando a equação de Navier-Stokes para o escoamento incompressível, é calculada a pressão nos limites da estrutura. Esta pressão é exportada para a dinâmica estrutural e, utilizando a equação do movimento, é conhecida a deflexão da estrutura. A deflexão da estrutura resulta na distorção da malha do campo de escoamento que envolve a estrutura, o que afecta o cálculo da dinâmica dos fluidos. A deslocação da malha é transferida para a dinâmica dos fluidos e o campo de pressão é calculado para o passo de tempo seguinte. Para além da Fluidodinâmica Computacional (CFD), a CSD e a CMD no diagrama acima representam a Dinâmica Estrutural Computacional e a Dinâmica Computacional de Corpos Múltiplos, respetivamente.

Capítulo 6

Análise CFD

O objetivo da análise CFD no contexto do presente projeto é criar uma base para a análise FSI. Esta base é feita a partir de uma análise CFD detalhada, de modo a que o modelo possa ser utilizado posteriormente nos estudos FSI. Um modelo CFD independente da densidade da malha será escolhido a partir do estudo de convergência da malha. Em seguida, a mesma malha será utilizada no estudo de sensibilidade, onde serão testados vários parâmetros físicos e numéricos que afectam a solução. Isto deve-se ao facto de a maioria dos parâmetros utilizados em CFD se basearem em várias hipóteses para simplificar a solução. O sedimento que passa pela turbina pode ter várias propriedades físicas. Ao efetuar o estudo de sensibilidade, o efeito da variação dos parâmetros de entrada nos resultados pode ser estudado. Além disso, ao aumentar a tolerância dos critérios residuais, a solução pode ser significativamente afetada. Os seguintes parâmetros serão investigados na análise de sensibilidade:

- Efeito do tamanho das partículas (diâmetro das partículas)
- Efeito da forma da partícula (fator de forma da partícula)
- Efeito do comportamento das partículas (caudal mássico, concentração)
- Efeito do modelo de erosão
- Efeito dos parâmetros numéricos, tais como critérios de convergência e modelo de turbulência

Estes parâmetros serão submetidos a variações independentes, que serão efectuadas num caso de referência. Após a realização do estudo de sensibilidade, a conceção de referência será comparada com as outras 4 concepções optimizadas em termos de forma da pá e a pá que apresentar a melhor resistência à erosão sem influenciar a eficiência será escolhida para os estudos posteriores.

6.1 Estudo de sensibilidade

Neste capítulo, será efectuado o estudo de sensibilidade dos vários parâmetros CFD. Os objectivos deste estudo são :

- Para criar um modelo cuja solução seja independente da densidade da malha. Este modelo será utilizado como caso de referência ao longo deste capítulo.
- O caso de referência será sujeito a vários parâmetros físicos e numéricos. A influência destes parâmetros na solução será estudada.
- Identificar os parâmetros adequados que devem ser utilizados em estudos futuros. Isto inclui principalmente os parâmetros numéricos, como a distribuição espacial e temporal.

Como a erosão dos sedimentos é o principal interesse neste contexto, a comparação entre os resultados é efectuada com base na densidade média da taxa de erosão na lâmina. No ANSYS, a erosão da parede devido a uma partícula é calculada a partir das seguintes relações:

$$ErosionRate = E * \dot{N} * m_p \qquad (6.1)$$

onde mp é a massa da partícula e *N* é a taxa numérica. A erosão global da parede é então a soma de todas as partículas. A taxa de erosão está em *kg/s*, mas no CFX-Post Processor, os resultados estão na forma de *kg/s/m*^{2} e são chamados de Densidade da Taxa de Erosão.

6.2 Estudo de convergência da malha

A análise CFD para determinar a densidade da taxa de erosão dos sedimentos é extremamente sensível à densidade da malha. Estudos anteriores mostram e apoiam este facto da dificuldade em tornar a solução independente do tamanho da malha [19], [21]. Recomenda-se um valor muito pequeno de y+ para se obter uma solução exacta. No entanto, para obter um valor tão pequeno de y+ é necessária uma malha muito fina em torno da fronteira, o que requer um tempo de computação enorme. No Turbo-grid, o refinamento da malha próxima da parede permite uma malha mais fina à volta da pá, que pode ser controlada alterando o rácio do fator. Um valor elevado do rácio do fator permite obter uma malha mais fina à volta da fronteira, mas também se verifica que degrada a qualidade da malha. Nos estudos anteriores, foi utilizado um rácio de fator de 2 para criar um valor y+ muito baixo, tal como recomendado nos estudos. No entanto, com este rácio, não foi possível obter uma malha muito fina devido à qualidade muito baixa da malha. Com um rácio tão grande, alguns dos outros parâmetros, como o campo de pressão à volta da pá, foram afectados.

É possível gerar uma malha de boa qualidade com um valor mais baixo da relação de factores, mas é necessária uma densidade de malha mais elevada para obter uma solução independente da malha. Neste capítulo, foi estudada a relação de factores de 1,15, 1,25, 1,5 e 2. Verificou-se que a densidade da taxa de erosão era muito sensível à alteração do tipo e da dimensão da malha. No entanto, em todos os tipos e tamanhos de malha, a densidade média da taxa de erosão na lâmina única situou-se entre 6E-8 e 1,5E-7. Com um fator de razão de 2, embora o comportamento de convergência fosse melhor do que noutros casos, a baixa qualidade da malha resultou no fim da simulação para uma malha mais fina.

Este problema de convergência da malha para os outros casos foi tratado diminuindo o critério residual, o valor RMS de 1E-4 para 1E-6. O tempo de cálculo aumentou bastante, mas melhorou o comportamento de convergência, como se mostra na Figura 6.1. Aqui, o rácio do fator foi escolhido para ser 1,15, de modo a obter uma malha de melhor qualidade do que a dos estudos anteriores. Após a malha alvo de 0,75 milhões de nós, a solução não se alterou muito, mesmo com 2 milhões de nós. A melhor convergência da malha do que nos estudos anteriores foi conseguida devido a:

- O critério residual para a convergência foi reduzido do valor RMS de 1E-4 para 1E-6.
- A modificação efectuada no parâmetro CFX para o ângulo de entrada. Este parâmetro é definido no Apêndice I do Capítulo 11.

Esta figura mostra também os valores de y+ para os vários nós da malha em estudo. Para a malha mais refinada, o valor médio de y+ em torno da lâmina foi de cerca de 37.

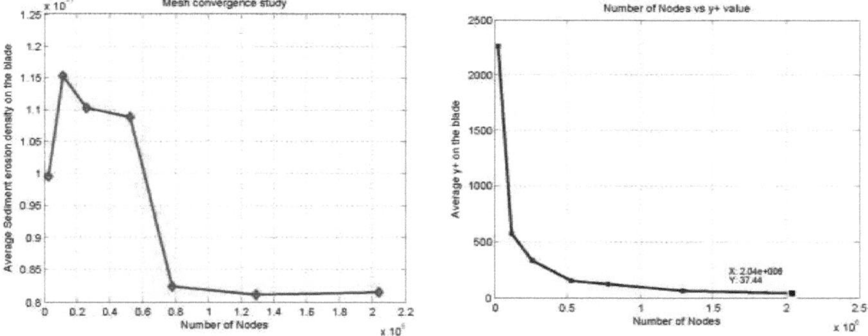

Figura 6.1 Estudo de convergência da malha para o rácio do fator de 1,15, RMS de 1E-6 e valor y+ na pá

A segunda razão pode ser explicada a partir da Figura 6.2, onde o padrão de erosão na lâmina estava a convergir para a malha mais fina. Isto contradiz o estudo anterior, em que a erosão quase desaparece depois de a malha ter sido tornada muito fina [21]. A partir destes valores, pode concluir-se que, com o objetivo residual de 1E-6, a malha alvo de 0,75 milhões de nós é suficiente para um estudo mais aprofundado (FSI). No entanto, para estudar melhor o padrão de erosão, foi escolhida a malha de 1,25 milhões de nós para estudar e comparar o comportamento de erosão das lâminas optimizadas.

6.3 Caso de base para a análise de sensibilidade

No estudo de sensibilidade, os parâmetros físicos e numéricos são variados um de cada vez, para evitar o efeito de outros parâmetros na solução. Os parâmetros para o caso de referência são selecionados com base em experiências e resultados anteriores. Os mesmos parâmetros que foram mostrados na Tabela 4.1 foram utilizados neste

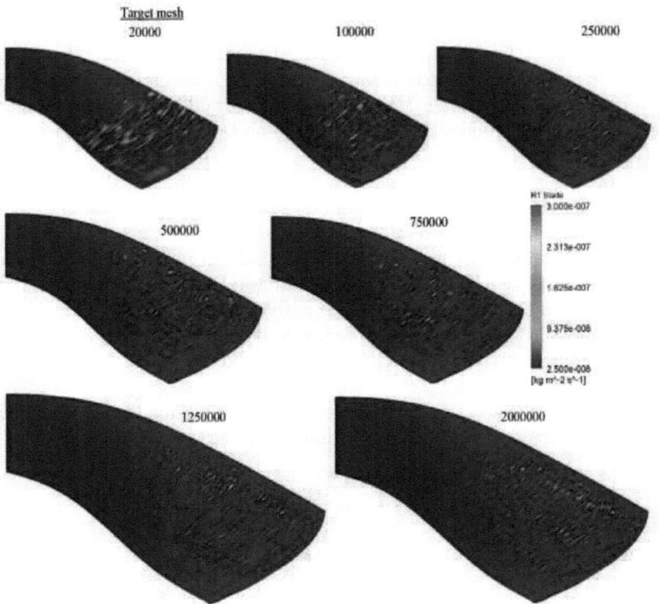

Figura 6.2 Padrão de erosão sedimentar para várias densidades de malha

caso. A malha alvo de 0,75 milhões de nós foi utilizada para todos os estudos de sensibilidade. Foi utilizado um caudal mássico de 2,35 m^3/s para toda a passagem. A velocidade e a direção do caudal na entrada foram dadas pelo programa de desenho 'Khoj'. Foram efectuadas algumas modificações no ângulo de entrada, cuja justificação é apresentada no Apêndice I do Capítulo 11.

6.4 Efeito dos parâmetros físicos

6.4.1 Efeito do tamanho das partículas na erosão

O diâmetro da partícula de quartzo foi escolhido como sendo de 0,1 mm para o caso de base. O tamanho foi variado entre 0,01 mm e 1 mm para observar o efeito do diâmetro da partícula no padrão de erosão. Os restantes parâmetros foram mantidos constantes durante esta análise.

Os resultados desta análise são apresentados nas Figuras 6.3 e 6.4. Estas figuras representam os padrões de sedimentos na lâmina no lado da pressão, mas uma vez que todos eles têm a mesma gama "especificada pelo utilizador", a comparação dos resultados não pode ser feita numericamente. Assim, a Figura 6.5 representa a densidade média da taxa de erosão e a erosão máxima que ocorre num determinado tamanho de partícula. Pode ver-se a partir destes resultados que, quando as partículas têm um diâmetro superior a 0,1 mm, os padrões de erosão estão mais concentrados numa área mais pequena. A erosão máxima foi encontrada quando o diâmetro da partícula era de 0,4 mm. Nos diâmetros de 0,9 mm e 1 mm, a erosão está mais concentrada na região de saída. No lado de sucção da pá, não se registou qualquer efeito de erosão em nenhum dos

exceto quando o diâmetro é de 0,01 mm, como se mostra na Figura 6.4. Isto mostra que o tamanho da partícula tem uma influência significativa mas desigual no padrão de erosão.

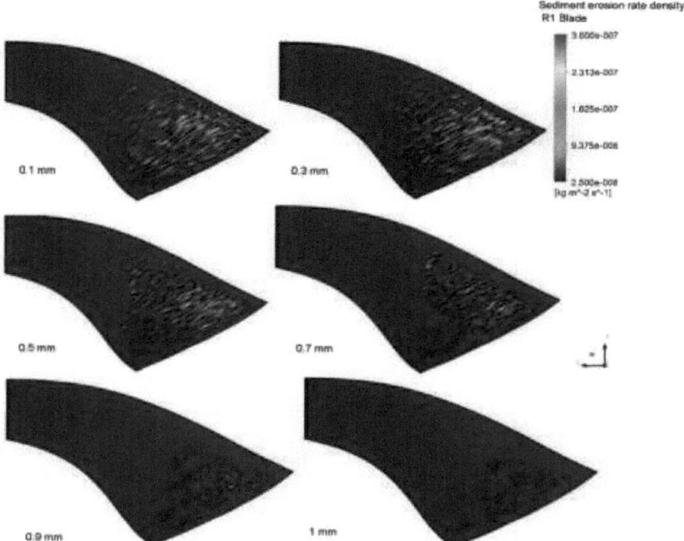

Figura 6.3: Efeito do tamanho da partícula no padrão de erosão

6.4.2 Efeito da forma das partículas na erosão

Os factores de forma das partículas definem se as partículas são esféricas ou elípticas. O fator de área da secção X de 1 representa a partícula de forma esférica, que foi utilizada no estudo de base. A forma das partículas pode, no entanto, ter formas variáveis. Neste caso, foram tidos em conta 2 outros factores de forma

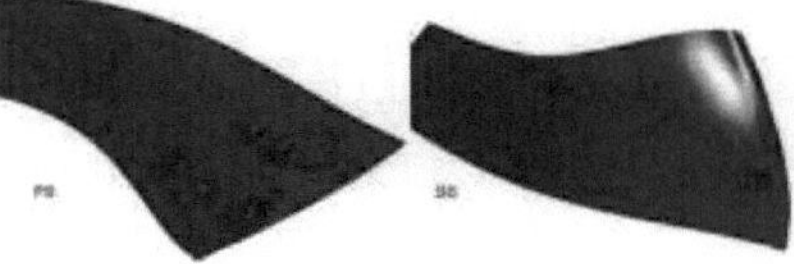

Figura 6.4 Padrão de erosão para um diâmetro de partícula de 0,01 mm nos lados da pressão e da aspiração

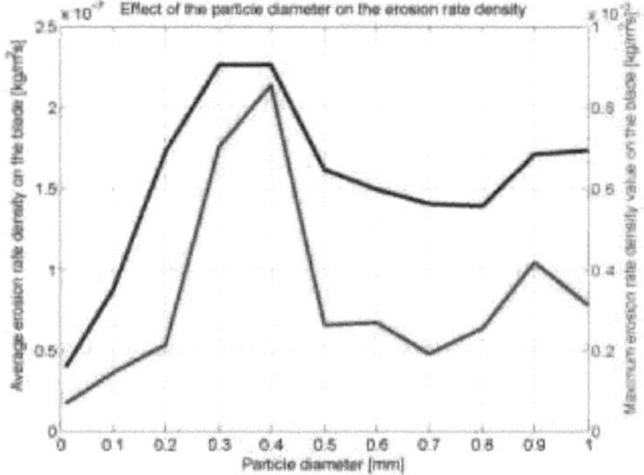

Figura 6.5 Densidade média e máxima da taxa de erosão na lâmina para vários tamanhos de partículas. A não uniformidade da forma não foi considerada neste estudo.

O resultado desta análise é apresentado na Figura 6.6. A margem na legenda foi alargada para se obter uma melhor imagem das diferenças nos resultados. Verificou-se que a partícula esférica tem o menor efeito na erosão em comparação com as elípticas. No entanto, não se registaram grandes diferenças no padrão global de erosão.

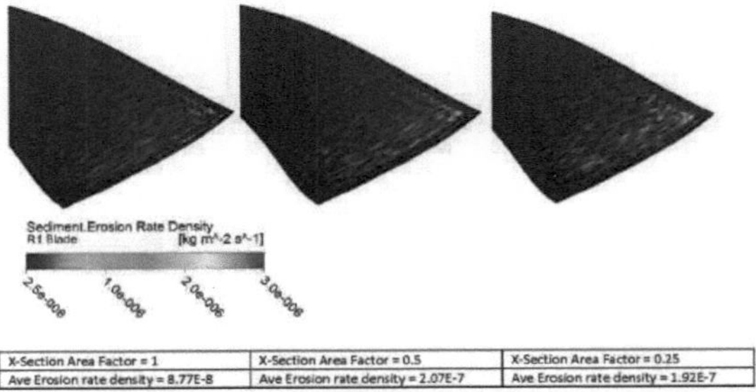

Figura 6.6 Efeito da forma das partículas no padrão de erosão

6.4.3 Efeito do comportamento das partículas

As partículas no interior do domínio podem ser activadas definindo o "Comportamento das partículas" e especificando as suas propriedades no fluxo de entrada. Aqui, é necessário especificar a velocidade da partícula, a posição de injeção, a distribuição do diâmetro e o caudal de massa. Por defeito, a injeção das partículas é feita de forma aleatória.

A direção da partícula é idêntica à direção do fluxo do fluido. O caudal mássico das partículas variou entre 1 e 50 kg/s por máquina. O diâmetro das partículas foi mantido constante (0,1 mm). As partículas são injectadas uniformemente com 1000 partículas à entrada. Este número também pode ser escolhido como "Proporcional ao caudal mássico", em que o número de partículas por unidade de caudal mássico deve ser especificado.

O efeito do caudal mássico da partícula na densidade média da taxa de erosão na lâmina é mostrado na Figura 6.7. A erosão aumenta linearmente com o caudal mássico. Uma vez que outros parâmetros como a posição de injeção, o número de partículas e a distribuição do diâmetro foram mantidos constantes, os padrões de erosão entre estes caudais mássicos foram os mesmos.

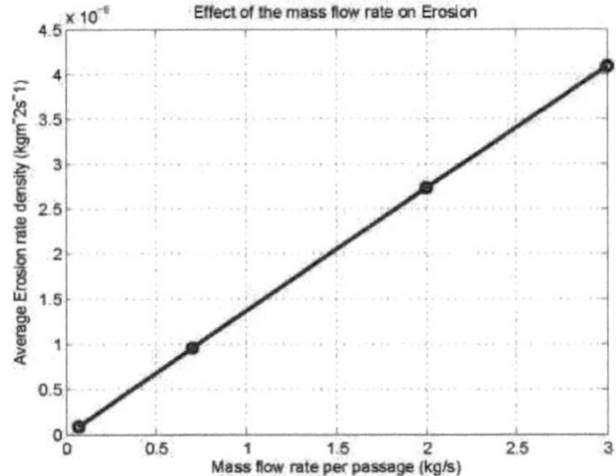

Figura 6.7 Efeito do caudal mássico na erosão

Do mesmo modo, quando o caudal mássico da partícula é mantido constante e a concentração do sedimento é aumentada através do aumento do número de partículas, a densidade média da taxa de erosão aumenta linearmente. O caudal mássico e a concentração da partícula de sedimento injectada uniformemente têm uma influência linearmente proporcional na erosão. Este facto também pode ser justificado a partir da Equação 6.1.

6.5 Efeito dos parâmetros numéricos

6.5.1 Efeito dos critérios residuais

O resíduo mede o desequilíbrio local de cada volume de controlo conservador e indica se as equações foram resolvidas ou não. No CFX, os resíduos são normalizados para apresentar um meio consistente de avaliar a convergência. Existem poucas opções no CFX para considerar os critérios de convergência. O nível de convergência requerido depende do objetivo da simulação e pode ser implementado como valores normalizados MAX (máximo) ou RMS (root mean square) dos resíduos da equação. Normalmente, escolhe-se entre 1E-4 e 1E-6 para o nível de resíduos RMS. A comparação entre estes dois resultados é feita através da representação gráfica da carga da pá do rotor a 50% do vão mostrada na Figura 6.8. Esta figura indica que os dois critérios residuais 1E-4 e 1E-6 fornecem resultados idênticos. No entanto, no estudo da malha , o RMS de 1E-6 apresenta melhores resultados em termos do estudo da independência da malha. Assim, foi utilizado o RMS de 1E-6, uma vez que a erosão tem mais interesse do que outros parâmetros neste projeto.

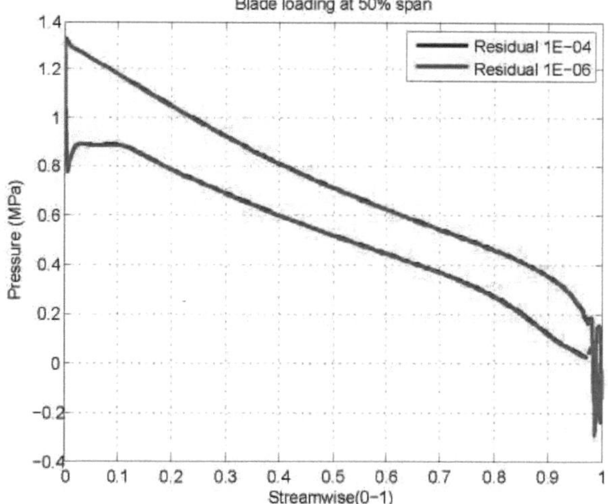

Figura 6.8: Efeito do critério residual de convergência na carga da pá

6.5.2 Efeito dos modelos de turbulência

Os modelos de turbulência são utilizados para prever os efeitos da turbulência no escoamento de fluidos sem resolver as flutuações turbulentas de pequena escala. Estes modelos são baseados nas equações RANS (Reynolds Averaged Navier-Stokes). Os modelos mais comuns de viscosidade de Foucault utilizados são os modelos $k-\epsilon$, $k-\omega$ e SST.

Para fins gerais, o modelo $k-\epsilon$ oferece uma boa combinação de exatidão e robustez. No entanto, este modelo não é adequado para prever a separação da camada limite e os fluxos em fluidos rotativos. O modelo Shear-Stress-Transport (SST) baseado em $k-\omega$ fornece uma previsão mais exacta da separação do escoamento sob gradientes de pressão adversos. Uma vez que este modelo foi desenvolvido para ultrapassar as deficiências dos modelos $k-\epsilon$ e $k-\omega$, o modelo SST é mais avançado. Na Figura 6.9, o resultado destes dois modelos foi comparado. A erosão prevista pelo modelo $k-\epsilon$ é menor do que a do modelo SST.

6.5.3 Efeito dos modelos de erosão e dos seus parâmetros

O modelo de erosão Tabakoff para Quartzo-Alumínio foi utilizado no estudo de base com os valores dos parâmetros fornecidos pelo ANSYS-CFX. Também suporta o modelo de erosão Finnie, bem como o modelo de erosão Tabakoff para o Quartzo-Aço. Estas condições foram implementadas para observar a variação nos resultados, que são mostrados na Figura 6.10.

No caso do modelo de Finnie, a erosão é uma função do ângulo de impacto e da velocidade, de tal forma que em

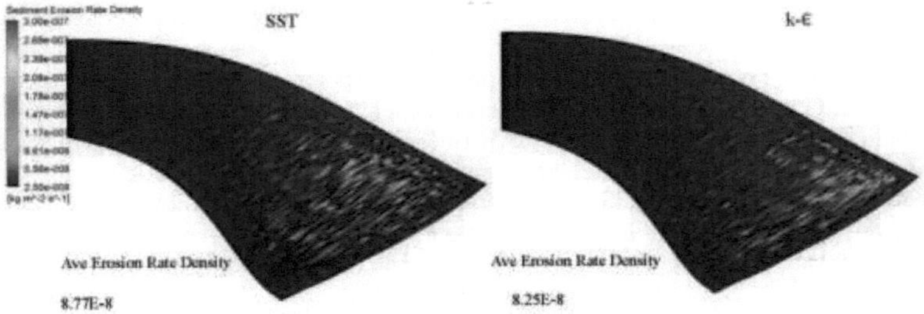

Figura 6.9 Efeito dos modelos de turbulência na erosão

CFX, o único parâmetro que pode ser alterado explicitamente é o valor do fator de potência da velocidade (n), como se mostra na Equação 3.8. Pode ver-se na Figura 6.10 que a quantidade de erosão prevista por este modelo é enorme, mesmo quando o valor de n é 2 (varia entre 2,3 e 2,5 para metais). Isto mostra que o modelo de erosão de Finnie para este caso ou os parâmetros fornecidos não são aceitáveis.

O modelo de erosão de Tabakoff parece ser mais promissor, especialmente para esta aplicação, uma vez que os coeficientes necessários para a implementação do modelo já são fornecidos pelo ANSYS-CFX para o Quartzo-Alumínio e o Quartzo-Aço. Pode ver-se na figura que, quando o Quartzo-Aço é escolhido como material erodido e em erosão, a quantidade de erosão é, em média, cerca de 1,5 vezes superior à do modelo Quartzo-Alumínio. Isto pode dever-se à maior densidade do aço em comparação com o alumínio. A previsão da erosão para o aço inoxidável, que é mais comummente utilizado nas turbinas hidráulicas, poderá ser mais fiável neste caso.

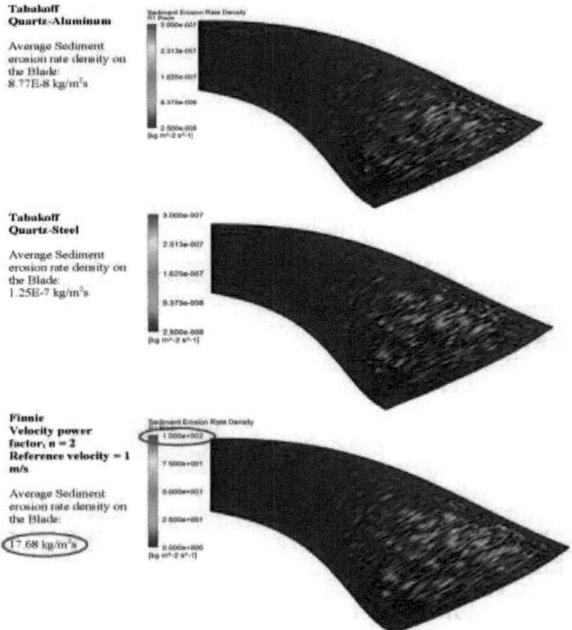

Figura 6.10 Efeito dos modelos de erosão nos resultados

6.6 Comparação entre as lâminas optimizadas e as de referência

Os parâmetros do modelo independentes da malha foram utilizados para modelar todas as lâminas optimizadas. Neste caso, a fim de estudar corretamente o padrão de erosão dos sedimentos, foi utilizada a malha com 1,25 milhões de nós e o rácio do fator de 1,15 para todas as formas com um objetivo de convergência residual RMS de 1E-6. Neste caso, dois resultados são de interesse: erosão e eficiência. A densidade média da taxa de erosão na pá com o padrão de erosão e a eficiência são comparadas. O resultado desta análise é apresentado na Figura 6.11. Para que seja possível traçar as duas variáveis num único gráfico, os valores são normalizados com os do desenho de referência. Isto significa que a forma de referência (forma-3) tem o valor de 1 tanto para a eficiência como para a densidade da taxa de erosão, enquanto as outras formas são relativas a esta forma. Por uma questão de conveniência, os seus valores absolutos também são apresentados acima da coluna, sendo a densidade da taxa de erosão da ordem de 1E-8 e a unidade de kg/m^2 s. Além disso, a eficiência em percentagem é apresentada na segunda coluna. Os valores na abcissa representam o número de forma das lâminas em estudo.

A partir desta análise comparativa, verifica-se que a eficiência das lâminas não varia muito com a alteração da forma. No entanto, a densidade da taxa de erosão varia muito. As formas de lâmina 2 e 4 são as que apresentam uma diminuição da densidade média da taxa de erosão na lâmina em comparação com a forma de referência. A diminuição desta quantidade chega a ser de 21% no caso da forma 4. Assim, a forma de pá 4 é a pá mais optimizada em termos de erosão e eficiência e é selecionada para a análise FSI.

No entanto, pode inferir-se do estudo da malha que, embora o estudo da convergência da malha tenha sido efectuado na lâmina de referência e os resultados tenham sido muito sensíveis ao tipo de malha gerada, poderia ser interessante ver como os tipos de malha variam também os resultados de outras lâminas. Isto tornará a comparação mais fiável, uma vez que cada um dos modelos CFX será independente da densidade da malha.

Pode concluir-se que a erosão prevista pelo ANSYS CFX é sensível à malha e requer uma elevada qualidade e densidade para obter um resultado convergente. A malha precisa de ser refinada significativamente sem perturbar a qualidade global da malha. Isto foi feito neste projeto reduzindo o rácio do fator, mas tornando a densidade da malha grande, de modo a que ambos os critérios sejam cumpridos.

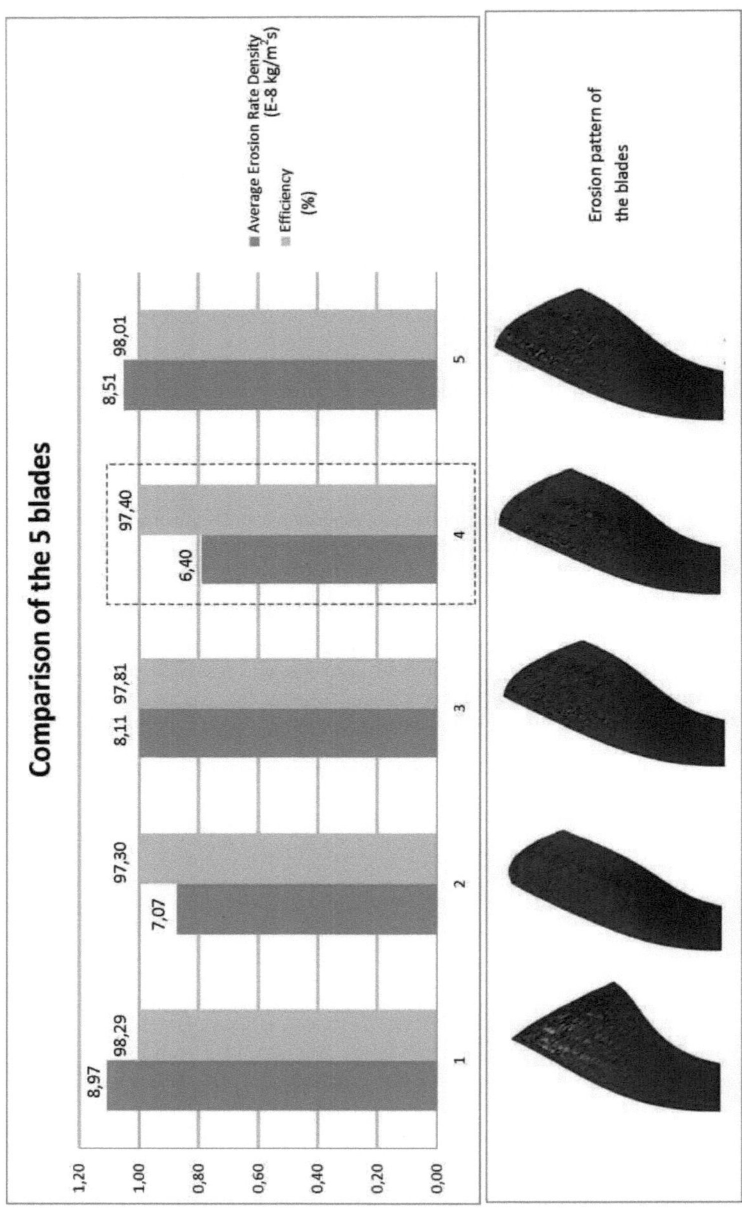

Figura 6.11: Resultados da erosão sedimentar para várias formas da lâmina

Capítulo 7

Análise estrutural

A análise estrutural foi efectuada em "Static Structural" no Workbench. Este capítulo trata da modelação da geometria 3D do rotor para a análise estrutural e da primeira configuração e resultados da análise estrutural. Este capítulo centra-se principalmente na realização do FSI unidirecional no ANSYS. A análise totalmente acoplada será efectuada no capítulo seguinte. Para ambos os casos deste relatório, o aço estrutural foi escolhido como material estrutural com as seguintes propriedades:

Densidade 7850 kg/m^3

Módulo de Young 2E11 Pa

Coeficiente de Poisson 0.3

7.1 Geometria

A geometria da pá foi feita com a ajuda dos ficheiros de curvas do Pro Engineer. O bordo de ataque e o bordo de fuga foram feitos a partir do ficheiro de instruções da NTNU [27]. O bordo de ataque foi concebido de tal forma que, no lado da pressão, o bordo foi arredondado com um quarto de círculo, enquanto que no lado da sucção, foi arredondado com um arco de três vezes o raio do bordo de ataque. O bordo de fuga foi concebido com um ângulo de 30 graus no lado da sucção, com a parte final cortada para evitar a rutura devido à flutuação da pressão no sistema.

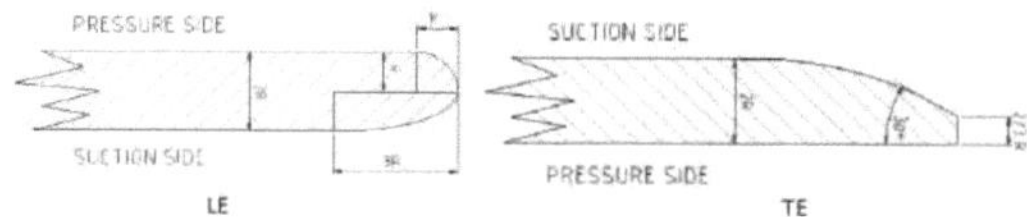

Figura 7.1 Conceção do bordo de ataque e do bordo de fuga para o MEF [27]

O cubo e a cobertura foram feitos a partir dos respectivos ficheiros de curvas, fornecendo a espessura necessária e o local para os labirintos. Antes de se fazer a montagem entre estas três partes, o cubo foi cortado num único sector contendo 1 das 17 pás. Isto foi feito no Pro-E pela seguinte sequência,

- Apenas (360/17)° da peça total foi modelada. Isto foi feito através da extrusão da parte não desejada do cubo, tomando como referência o perfil da lâmina. O perfil da pá na primeira secção foi importado. Isto foi feito num plano de referência separado, de modo a que as curvas pudessem ser projectadas para a superfície do cubo e para fora dela.
- A secção do perfil consiste numa curva composta por pontos no lado da pressão e no lado da sucção da pá. Esta curva foi modelada ao longo do eixo principal com o valor de $(360/17 - 4)^{\circ}$ e 4° na direção indicada na Figura 7.3, pelo que a pá se encontra na posição próxima do domínio CFD. Ao colocar a pá nesta posição, obteve-se um melhor mapeamento com o domínio CFD do que quando colocada na posição intermédia. Isto pode ser verificado na Figura 7.2, onde são apresentados casos com mapeamentos corretos e incorrectos. A primeira figura à esquerda mostra que o domínio do fluido está deslocado para cima em comparação com o domínio estrutural, enquanto na segunda figura, o fluido e a estrutura estão mais alinhados. Um aspeto importante a considerar é a quantidade de casas decimais que devem ser fornecidas no Pro-E, para manter a consistência com o ANSYS. O valor de $(360/17)^{\circ}$ não é bom para o Pro-E porque ele arredondará o valor em casas decimais menores do que as necessárias no ANSYS. Foi utilizado o valor mais exato de $21,17646^{\circ}$.
- As curvas padronizadas foram utilizadas para criar uma curva fechada para que a extrusão pudesse ser efectuada como se mostra na figura 7.3. Isto foi feito escolhendo duas curvas do mesmo lado (lado da pressão, neste caso). Foi feita uma circunferência de raio arbitrário, mas maior do que o diâmetro do cubo. Este círculo foi ligado às duas curvas tangencialmente através de uma linha no lado da entrada e através de uma linha que liga o centro e o ponto final no lado da saída.
- Foi efectuado um processo semelhante para a cobertura. Verificou-se que, quando as arestas vivas são incluídas no ANSYS ao aplicar a fronteira cíclica, o programa não consegue reconhecer a fronteira e termina com um erro. Por conseguinte, as arestas vivas tiveram de ser cortadas tanto no cubo como na cobertura.
- Finalmente, a lâmina, o cubo e a cobertura foram montados em conjunto. Além disso, verificou-se que era necessária uma única peça fundida no ANSYS em vez de três peças diferentes. Isto foi feito

importando o ficheiro de geometria de cada peça como um ficheiro independente e guardando-o como um ficheiro de peça em vez de um ficheiro de montagem.

Figura 7.2 Comparação dos dois domínios com dois casos (o da direita mostra um melhor mapeamento)

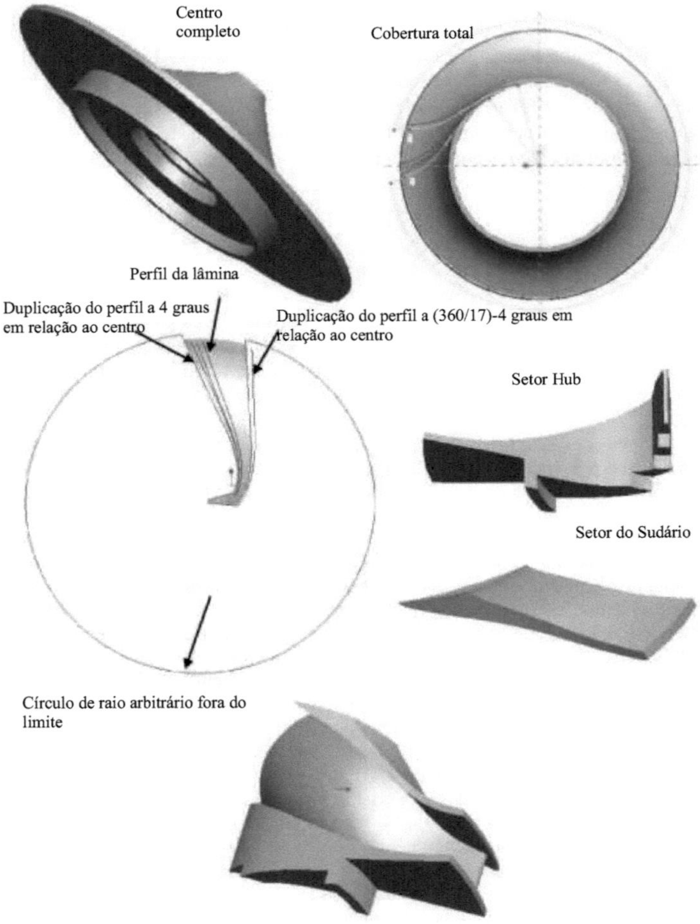

Centro completo

Cobertura total

Perfil da lâmina

Duplicação do perfil a 4 graus em relação ao centro

Duplicação do perfil a (360/17)-4 graus em relação ao centro

Setor Hub

Setor do Sudário

Círculo de raio arbitrário fora do limite

Figura 7.3: A modelação da geometria no Pro-E, conforme descrito no procedimento acima

7.2 Condição de fronteira

Os trabalhos de investigação anteriores sobre as turbinas Francis impuseram vários tipos de restrições para a análise estrutural. Nalguns casos, apenas a pá do rotor foi considerada sem modelar o cubo e a cobertura e impondo apoios fixos na superfície que os liga à pá [28], [29]. Noutros casos [30], [31], considerou-se a geometria completa do rotor, mas o cubo e a cobertura foram modelados com apoios rígidos, e a sua deformação foi considerada negligenciável em relação à deformação das pás. No entanto, a realização desta análise exige um custo computacional elevado e é difícil efetuar o estudo independente da malha para esses modelos. Devido à propriedade simétrica da estrutura, é mais conveniente realizar a análise num único sector da mesma forma que o CFD foi feito. A análise completa do sector do modelo, considerando a condição de simetria cíclica e a deformação de toda a estrutura, foi efectuada em [7]. No presente estudo, foram impostos dois tipos de condições de fronteira, que são discutidos a seguir. Neste capítulo, a FSI de uma forma é efectuada através da importação das cargas de pressão do CFX nas paredes de fronteira. A análise totalmente acoplada é discutida no Capítulo 8 do relatório.

7.2.1 Caso I

Este caso consiste numa única lâmina do corredor com as seguintes condições :

- Deslocação zero (apoio fixo) da superfície que liga o cubo da lâmina e a cobertura da lâmina.
- Velocidade de rotação em torno do eixo z com 104,7 rad/s.
- Aceleração devida à gravidade (g).
- Carga de pressão importada na superfície da lâmina.

A razão por trás da realização desta análise é verificar a integridade estrutural da pá sem a influência dos outros componentes mais rígidos. Isto será mais fácil quando a comparação tiver de ser feita com a pá optimizada. De acordo com estudos semelhantes mencionados anteriormente, este tipo de análise fornece uma estimativa razoável da tensão induzida pelo fluxo na pá. No entanto, a tensão máxima pode ser inferior ao valor real devido à junção entre o cubo da lâmina e a cobertura da lâmina. Esta análise será utilizada como solução de partida para ver a distribuição de tensões e a deflexão da pá devido à carga de pressão do campo de escoamento, sem a influência dos outros componentes estruturais e das pás vizinhas. As condições de contorno impostas no ANSYS são mostradas na Figura 7.4.

7.2.2 Caso II

Este caso consiste nas seguintes condições de fronteira :

- Deslocação zero (apoio fixo) da superfície de ligação entre o veio e o cubo.

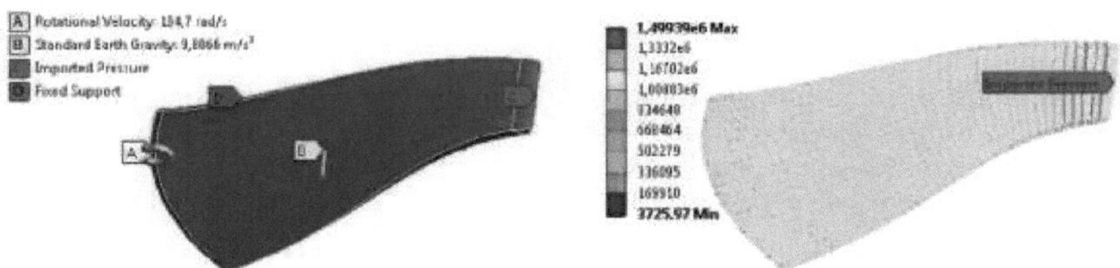

Figura 7.4: Condições de fronteira utilizadas para o caso I

- Velocidade de rotação em torno do eixo z com 104,7 rad/s.
- Aceleração devida à gravidade (g).
- Carga de pressão importada na superfície da lâmina.
- Carga de pressão importada sobre o cubo e a cobertura.
- Simetria cíclica de todo o componente. Esta propriedade pode ser definida de duas formas.
    - — A partir do workbench, escolher a propriedade de simetria e selecionar os limites superior e inferior do corpo simétrico. Para tal, é necessário um novo sistema de coordenadas cilíndricas e a geometria exacta dos lados superior e inferior, para que as geometrias e a malha sejam corretamente mapeadas.
    - — Utilizando comandos no Mechanical (APDL). Isto também pode ser feito no próprio workbench, escrevendo os seguintes comandos,

```
/prep7
cyclic,17
/solu
```

As tolerâncias para mapear as faces podem ser escolhidas consoante a necessidade.

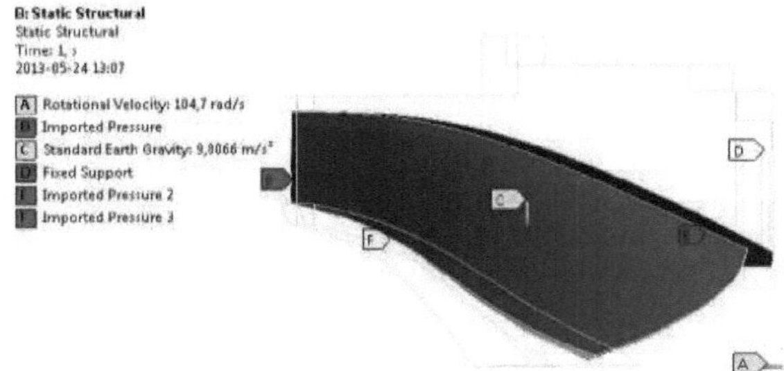

Figura 7.5: Condições de fronteira utilizadas para o caso II

Espera-se que esta análise forneça uma estimativa mais precisa da distribuição de tensões, tendo em conta o facto de a influência das juntas e das lâminas vizinhas ter sido considerada.

7.3 Estudo de malha do FSI

Como a opção de simetria cíclica foi escolhida na estática estrutural, sem a utilização do APDL Mechanical, a utilização da malha hexagonal não foi possível na versão atual do ANSYS. Assim, a malha tetraédrica mapeada foi utilizada para a confeção do modelo estrutural da pá e a malha não-estruturada foi utilizada nas demais regiões. O estudo de convergência da malha foi efectuado apenas no primeiro caso, tendo sido utilizada uma malha relativamente mais fina para gerar os resultados do segundo caso. A tensão equivalente máxima e a deformação total máxima nas pás foram estudadas quanto ao comportamento de convergência. O resultado desta análise para ambos os modelos é apresentado na Figura 7.6.

Para o projeto de referência, após a contagem de nós da malha de 178575, a solução é relativamente convergente. A variação da tensão máxima é de cerca de 1% e a da deformação total máxima é de cerca de 2%, após este tamanho de malha. Assim, este nó da malha, correspondente ao tamanho do elemento de 0,0025 m, foi utilizado para criar o modelo estrutural deste projeto. Por outro lado, para o projeto optimizado, foi necessária uma densidade de malha comparativamente mais fina para obter uma solução convergente. O número de nós da malha do modelo independente da malha foi de 361664, mas o tamanho do elemento foi de apenas 0,0028 m. Para o segundo caso, em que foi modelado um sector do corredor completo, foi utilizado o tamanho do elemento de 0,004 m em ambos os modelos. A razão para não efetuar o estudo da independência da malha para o segundo caso deveu-se às limitações da capacidade de cálculo. Grosso modo, é necessário um número estimado de nós da malha superior a 2 milhões para obter um modelo FEM independente da malha para o segundo caso.

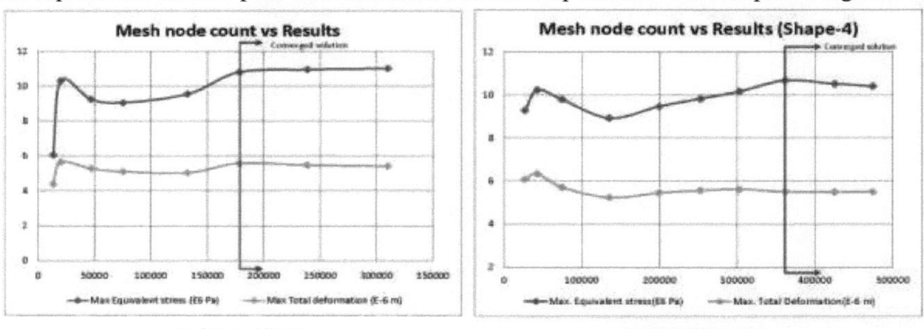

Figura 7.6: Estudo de convergência de malhas para análise estrutural

7.4 Resultados do FSI unidirecional

7.5 Caso I

O resultado do modelo independente da malha do Caso I para o acoplamento unidirecional é apresentado na Figura 7.7. Verifica-se que a tensão máxima é de cerca de 10,95 MPa no modelo de referência e de 10,57 MPa no modelo optimizado. A posição da tensão máxima é na região do bordo de fuga que liga a cobertura para o projeto de referência e que liga o cubo para o projeto optimizado. Em ambos os casos, é encontrada uma quantidade comparativamente elevada de distribuição de tensões nos cantos. Isto deve-se à restrição fixa fornecida à superfície que liga o cubo e a cobertura. Como o cubo e a cobertura são componentes relativamente rígidos, os resultados deste caso prevêem a distribuição de tensões de forma muito próxima. No entanto, uma vez que a junção entre a pá e estes componentes não é considerada e que as cargas nestas superfícies também não são tidas em conta, a tensão máxima no rotor e também na pá poderia ter sido subestimada numa quantidade significativa. Assim, é de grande importância considerar a secção real do rotor para corresponder com maior precisão à condição real. Os resultados deste caso podem ser utilizados para comparar a integridade estrutural das pás de vários modelos, em que a tensão é independente dos outros componentes.

7.6 Caso II

O resultado do Caso-II é apresentado nas Figuras 7.8, 7.9 e 7.10. A tensão máxima ocorre na superfície de ligação entre o veio e o cubo, devido à restrição fixa definida nesta superfície. A segunda tensão máxima ocorre no bordo de ataque, na região entre a pá e o cubo. Comparando este resultado com o do Caso I, verifica-se que a tensão máxima não se encontra na região de saída, mas sim na região de entrada lâmina-cubo. As cargas no cubo e na cobertura também são importadas para a estrutura, pelo que os valores de tensão são superiores aos do caso anterior. Os valores da carga de pressão são máximos nas regiões do bordo de ataque, pelo que os valores de tensão também são máximos. Além disso, a ligação entre a pá e os outros componentes induz concentrações de tensão, o que torna estas regiões propensas a falhas.

Comparando os resultados entre a conceção de referência e a conceção optimizada, verifica-se que o valor da tensão máxima é maior na conceção de referência do que na conceção optimizada. A tensão máxima no projeto de referência é de cerca de 179,3 MPa, ao passo que 153,8 MPa no projeto optimizado. Do mesmo modo, quando se considera apenas a tensão na pá, como se mostra na figura 7.9, a tensão máxima no projeto de referência é de 123,7 MPa, ao passo que é de 114,9 MPa no projeto optimizado.

Do mesmo modo, na figura 7.10, a deformação do rotor e da pá é comparada. A deformação global máxima é observada no cubo em direção à entrada devido à elevada carga de pressão nessa região, para ambos os modelos. O valor da deformação máxima é de 0,087 mm para a conceção de referência e de 0,093 mm para a conceção optimizada. Quando se consideram apenas as pás, a deformação máxima é na direção da ligação entre as pás e o invólucro para ambos os modelos. Este valor é também mais elevado no caso da conceção optimizada, com 0,078 mm, do que no caso da conceção de referência, com o valor de 0,066 mm.

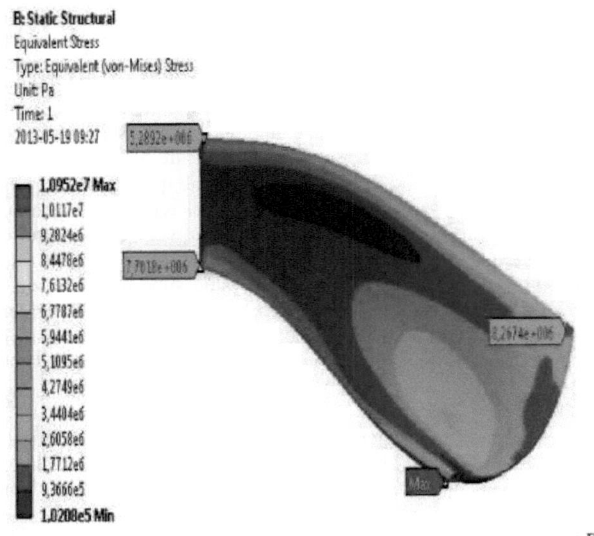

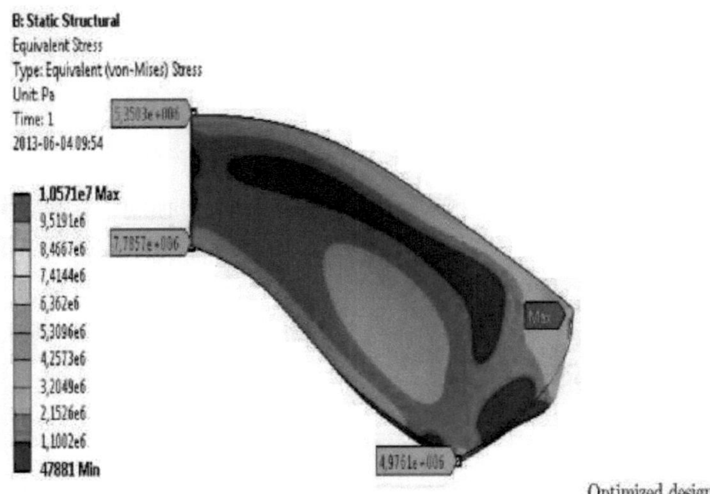

Figura 7.7: Resultado do acoplamento unidirecional para o caso I

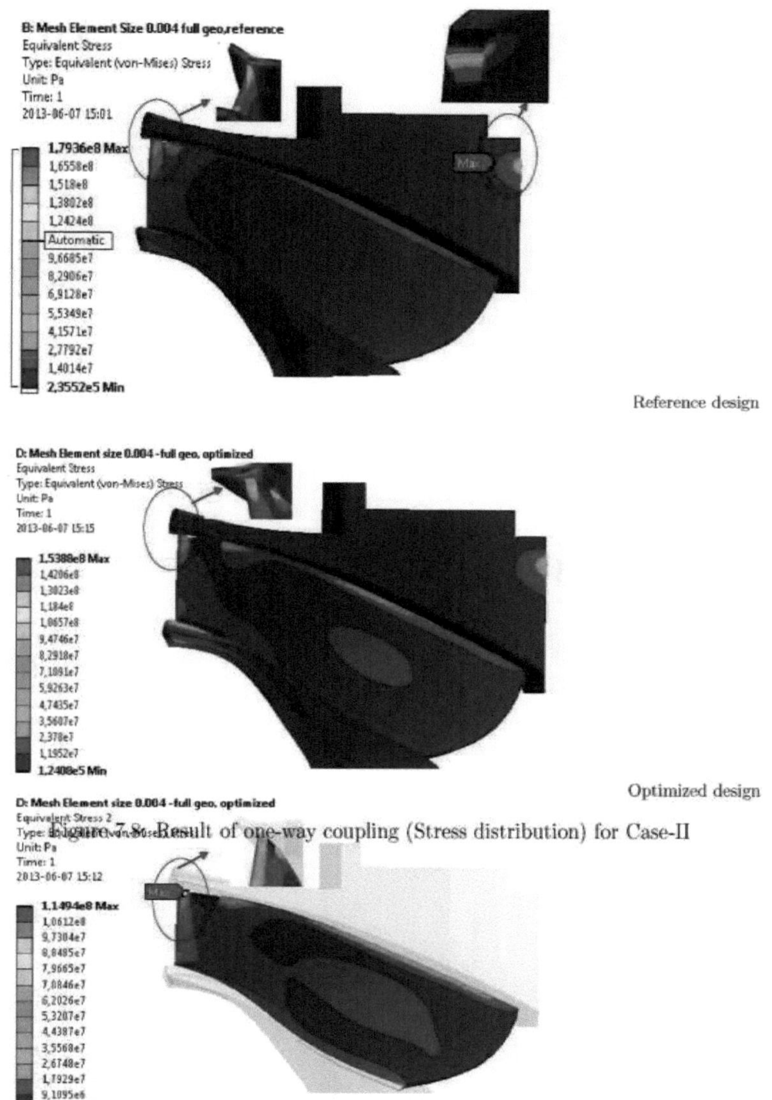

Figura 7.8: Resultado do acoplamento unidirecional (distribuição de tensões) para o caso II

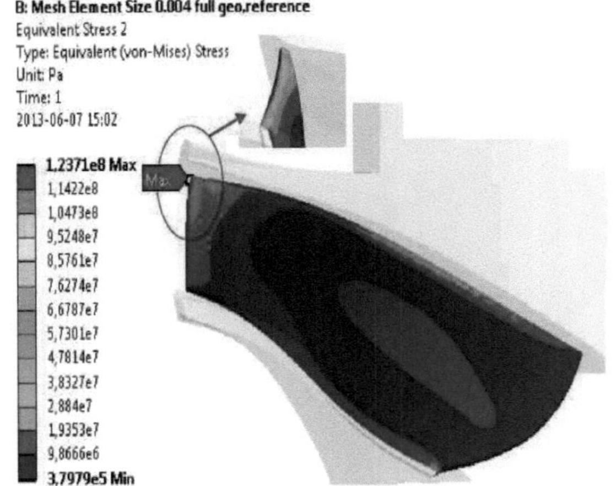

Reference design

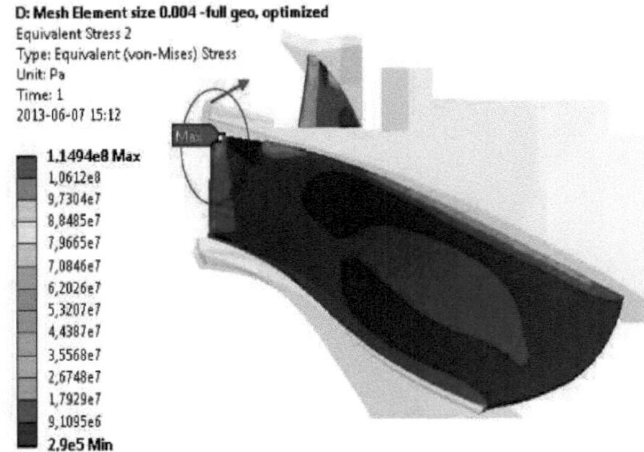

Optimized design

Figura 7.9: Resultado do acoplamento unidirecional (distribuição de tensões na pá) para o Caso II

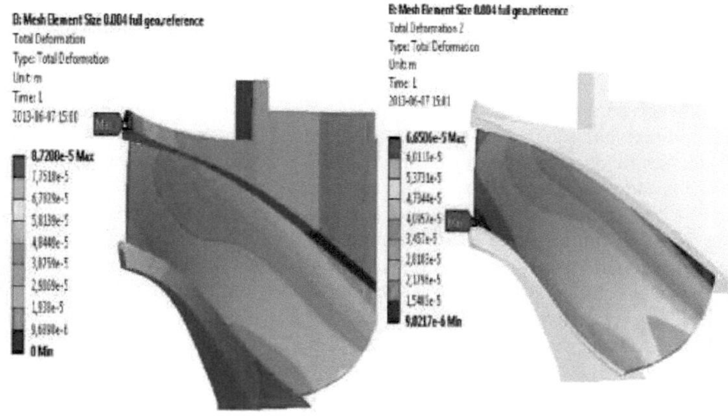

Reference design

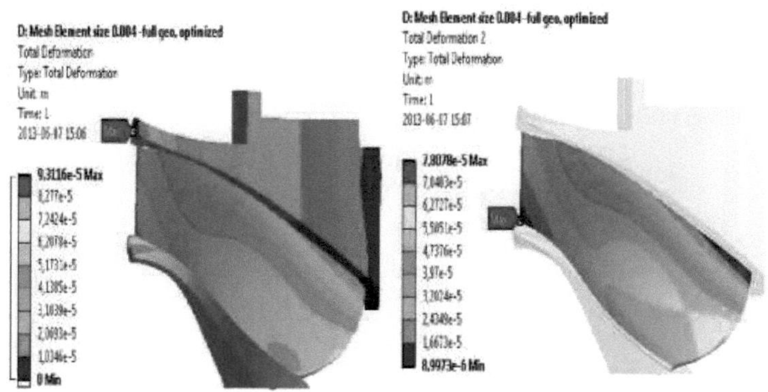

Optimized design

Figura 7.10: Resultado do acoplamento unidirecional (deformação) para o caso II

Capítulo 8

Análise do FSI

O solucionador de campos múltiplos (MFX) da ANSYS foi utilizado para efetuar o FSI bidirecional. Isto pode ser feito tanto no Workbench como em aplicações autónomas. Um exemplo do esquema de projeto no Workbench para a realização do FSI bidirecional é apresentado na Figura 8.1. Tal como na técnica FSI unidirecional, são necessários dois modelos independentes para os dois domínios neste contexto. É criado um ficheiro de entrada a partir do ANSYS structural, que é importado para o CFX, onde são definidos todos os parâmetros do solucionador. Um dos aspectos inevitáveis durante a realização do FSI bidirecional é a deformação da malha CFD. A deflexão da estrutura resulta na deformação da malha de fluido, o que altera o campo de escoamento que a rodeia. Por conseguinte, é necessário escolher um modelo adequado do deslocamento da malha e um valor suficiente da rigidez da malha para evitar a dobragem da malha, o que é muito comum no FSI bidirecional. Alguns dos aspectos importantes a ter em conta na realização do FSI bidirecional são discutidos a seguir:

8.1 Deformação da malha

A deformação da malha é um componente importante para problemas com fronteiras ou subdomínios móveis. Foi escolhida como "Nenhuma" quando a análise CFD estável foi efectuada. No caso do FSI acoplado, este movimento tem de ser imposto. Só pode ser feito no domínio do fluido. Ao escolher a opção "Região de movimento especificada" na opção Deformação da malha, é possível fazer com que a malha fora do domínio estrutural se mova juntamente com a sua deflexão. Este movimento da malha pode ser determinado pelo modelo de movimento da malha, que é limitado a 'Displacement Diffusion' no ANSYS. De acordo com este modelo, os deslocamentos aplicados numa fronteira são difundidos para os pontos da malha com a equação,

$$\nabla.(\tau_{disp}.\nabla\delta) = 0 \qquad (8.1)$$

Onde, 5 é o deslocamento relativo às localizações anteriores da malha e *Tdisp* é a rigidez da malha. Esta equação é resolvida no início de cada iteração externa. Pode deduzir-se desta equação que a distribuição relativa da malha inicial foi preservada. Isto significa que o refinamento da malha na fronteira permanecerá fino após a deformação na posição relativa.

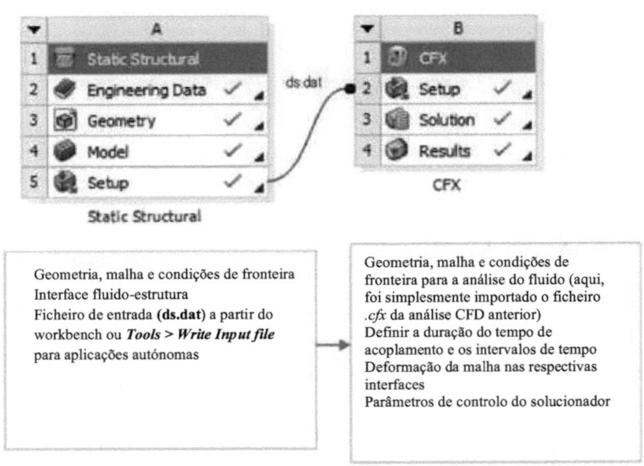

Figura 8.1 Esquema do projeto da FSI bidirecional

O valor da rigidez da malha acima referido pode ser controlado escolhendo um valor adequado. Este valor também pode ser escolhido de modo a que a rigidez seja maior nas regiões significativas, como perto de os pequenos volumes, ou perto de fronteiras. O valor da rigidez da malha para este caso é escolhido de acordo com a seguinte relação,

$$\tau_{disp} = \left(\frac{1}{a*}\right)^{C_{stiff}} \quad (8.2)$$

Aqui a* representa o tamanho dos volumes da malha de controlo ou a distância do limite mais próximo, dependendo do tipo de opção escolhida. Em qualquer caso, a rigidez da malha aumentará quando este valor diminuir. A taxa a que esta rigidez aumenta depende do valor de C_{stiff} , que representa o expoente do modelo. O valor padrão deste expoente é 10, que pode ser alterado de acordo com a necessidade do problema. No caso em que o ANSYS Multi-field é escolhido para o FSI, o movimento da malha pode ser imposto nos limites da parede. Neste caso, o movimento da malha tem de ser imposto nas regiões da pá, do cubo e da cobertura.

8.2 Configuração da interface

A carga é transferida entre os dois domínios na interface. Isto é feito através do mapeamento dos nós de uma malha para as coordenadas locais de um elemento na outra malha. No caso do acoplamento bidirecional, são efectuados dois mapeamentos; o primeiro para mapear os deslocamentos dos nós do sólido para os nós do fluido e o segundo para mapear as tensões do fluido para o sólido. As superfícies ANSYS são marcadas por números de interface (1,2...) e as superfícies CFX são marcadas pelo nome da interface (FSIN_1, FSIN_2...), estes números e o nome nos dois domínios devem representar a mesma fronteira. Um procedimento típico de configuração da interface para a lâmina está listado abaixo:

- No ANSYS Structural, escolha "Fluid Structure Interface" e selecione a superfície da pá. A esta interface será atribuído um número (a partir de 1)
- Quando o ficheiro de entrada é escrito para o caso estrutural, ou quando a configuração do estrutural e do CFX está ligada, a entrada do estrutural pode ser lida no CFX no tipo de análise.
- Na definição do domínio, selecione o movimento da malha para 'Regiões especificadas'. Isto permitirá a seleção da opção de movimento da malha nos limites da parede.
- Na lâmina, selecionar o movimento da malha para ser ANSYS multi-campo. Aqui, a seleção do número de interface apropriado pode ser selecionada. Este deve corresponder ao número fornecido em structural.

O solver ANSYS Multi-field transfere automaticamente as quantidades baseadas em malha através de malhas diferentes. No entanto, é melhor ter malhas de tamanho semelhante entre os dois campos, para garantir o mapeamento correto entre os campos. A qualidade da malha dos dois campos é mostrada na Figura 8.2. A distribuição da malha é mais fina perto das extremidades no caso do fluido, uma vez que esta malha foi criada a partir da opção de topologia altamente optimizada do Turbo-grid. Assim, a qualidade da malha é melhor no domínio do fluido.

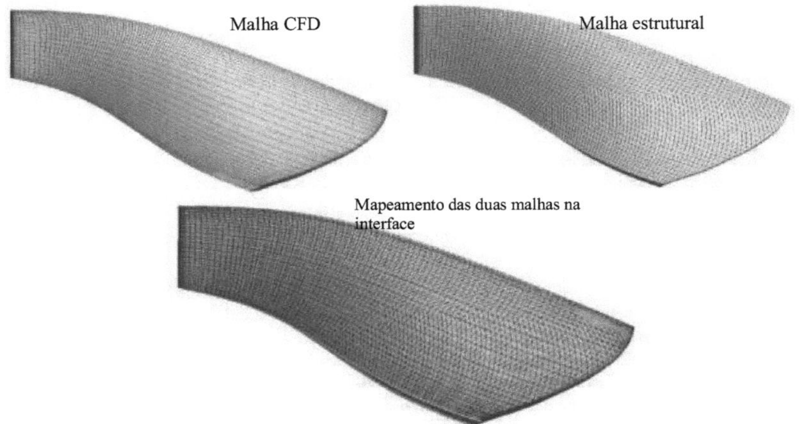

Figura 8. Malha dos dois campos e mapeamento

8.3 Configuração do Solver

No caso da análise de campo acoplado, os controlos de iteração e os critérios de convergência devem ser definidos para cada campo dos solucionadores de campo acoplado. Um tipo especial de iteração, chamado iteração escalonada, é utilizado para garantir a convergência das quantidades transferidas entre os dois campos. No final de cada iteração escalonada, o ANSYS como mestre verifica a convergência das quantidades transferidas através da interface e dos campos dentro de cada solucionador de campo. A iteração de escalonamento continua a menos que o número máximo de iterações de escalonamento seja atingido, ou quando a convergência tiver ocorrido. O critério de convergência para a iteração escalonada pode ser escolhido no separador 'External Coupling', definindo o valor mínimo de uma função Φ , dada pela equação:

$$\Phi = \frac{\sqrt{\sum(u_{new} - u_{old})^2}}{\sqrt{\sum u_{new}^2}} \qquad (8.3)$$

Onde u_{old} e unew são as componentes de carga transferidas na última e nesta iteração de escalonamento, respetivamente. As quantidades são consideradas convergentes quando $\Phi < \Phi_{min}$. Por defeito, o valor de ^*min* é definido
para 0,01 no ANSYS.

No CFX-solver, aparece um novo gráfico denominado ANSYS Interface plot, que mostra o comportamento de convergência das cargas transferidas após cada iteração de escalonamento. O valor da variável plotada no eixo y deste gráfico pode ser representado por e, onde:

$$e = \frac{log(\Phi/\Phi_{min})}{log(10/\Phi_{min})} \qquad (8.4)$$

Quando $\Phi < \Phi_{min}, e < 0$ no gráfico e a convergência ocorre. Um gráfico de convergência utilizado neste
é apresentado na Figura 8.3. A iteração de escalonamento começa com o início da simulação. As iterações seguintes são efectuadas como um solucionador CFD normal, em que a convergência ocorre após atingir o critério residual RMS, ou o número máximo de iterações definido no controlo do solucionador. Após o final da primeira iteração de escalonamento, aparece um novo gráfico de monitor, que mostra a transferência de carga do CFD para o estrutural. Depois de a carga ser transferida, o campo de escoamento é perturbado e o solucionador tenta convergir o momento e a massa para a nova posição deflectida da pá. Para cada iteração, o valor de e é calculado a partir da Equação 8.4. A iteração escalonada continua até que o valor do parâmetro e seja negativo. A figura

mostra que a convergência da análise de campo acoplado ocorre após 6 iterações de escalonamento.

8.4 Processamento posterior

O pós-processamento no FSI bidirecional pode ser efectuado no CFD-post. Embora o CFD-post normalmente mostre os resultados da análise CFD após a conclusão do solver, o FSI bidirecional utilizando o ANSYS-CFX facilita o pós-processamento dos resultados, tanto do CFD como do estrutural. Neste caso, o utilizador pode optar por mostrar os resultados do ANSYS, do CFX ou de ambos. Na árvore de contorno, são mostrados dois domínios, um para a estrutura e outro para o fluido. No entanto, o ANSYS suporta apenas os resultados da estrutura, que são armazenados nos resultados do CFX. A deflexão da estrutura é representada pelo 'Deslocamento Total da Malha', que significa o quanto a malha foi deslocada da sua posição inicial. Também pode representar a tensão de Von Mises equivalente induzida na estrutura.

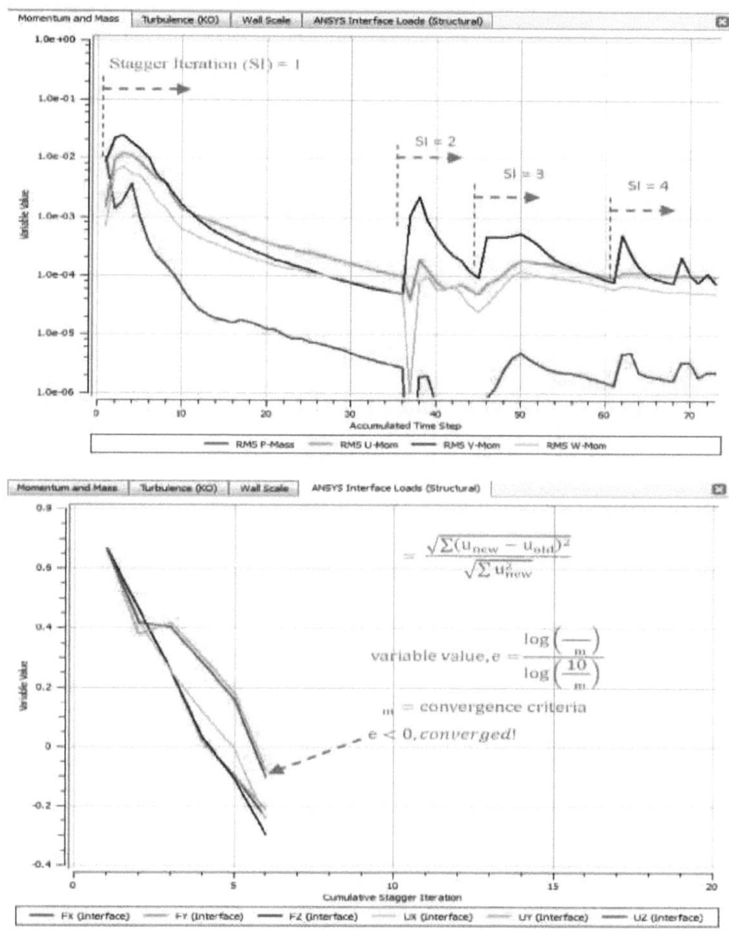

Figura 8.3: Gráfico de convergência no CFX-solver para a análise FSI neste estudo

8.5 Resultados do FSI bidirecional

8.5.1 Caso I

O resultado do acoplamento bidirecional para o primeiro caso, quando apenas a pá foi considerada, é apresentado na Figura 8.4. Comparando esta figura com o mesmo caso no acoplamento unidirecional, pode ver-se que a tensão máxima não se encontra na região de saída, mas sim na região de entrada, na ligação entre a lâmina e o invólucro. O valor da tensão máxima é de 12,45 MPa para a conceção de referência e de 16,15 MPa para a conceção optimizada. O valor da tensão máxima aumentou em cerca de 14% para a conceção de referência e em cerca de 52% para a conceção optimizada, em comparação com o FSI unidirecional. A malha e o modelo computacional foram os mesmos para este caso entre o acoplamento unidirecional e bidirecional. Embora a região da tensão máxima seja diferente entre os dois casos, o padrão da distribuição de tensões é semelhante. Uma grande quantidade de tensões é induzida nas regiões de deslocamento zero e também perto do meio do vão da região de saída, como se pode ver em ambas as figuras.

8.5.2 Caso II

A distribuição de tensões do caso-II para o acoplamento bidirecional é mostrada na Figura 8.5. A região de tensão máxima é na direção da região de entrada do cubo da pá. Foi encontrada uma elevada distribuição de tensões na direção da junta entre o cubo da pá e a cobertura da pá. O valor da tensão máxima é de 916,8 MPa para o projeto de referência e de 823,9 MPa para o projeto optimizado. Em comparação com o FSI unidirecional, este valor é cerca de 7 vezes superior. Esta diferença reflecte a importância da realização de FSI de duas vias nesta aplicação.

No FSI bidirecional, a deflexão da estrutura é representada pela deformação da malha do campo de escoamento que a rodeia. A Figura 8.6 mostra a magnitude do deslocamento total da malha em torno da pá em três posições diferentes ao longo do fluxo. Mostra também a deflexão global da malha CFD em torno da pá. No caso do projeto de referência, a deformação da malha é máxima na região da cobertura. Esta figura mostra apenas o valor do deslocamento local na legenda. Na pá do rotor, a deformação máxima foi de 0,37 mm. No caso do desenho optimizado, o padrão da deformação na pá é bastante diferente. A deformação máxima ocorre na direção da entrada e no meio do vão da região de saída. Embora a deformação máxima na pá seja inferior à do projeto de referência (0,12 mm), a deformação global da malha CFD é semelhante.

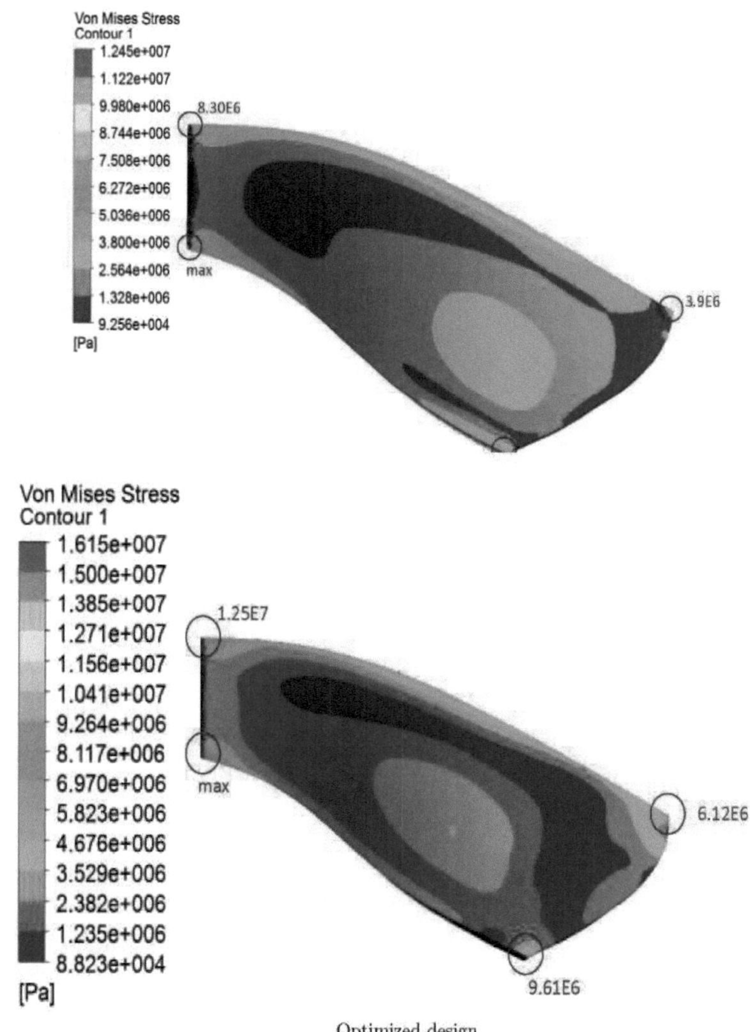

Optimized design

Figura 8.4: Distribuição de tensões na lâmina do FSI bidirecional

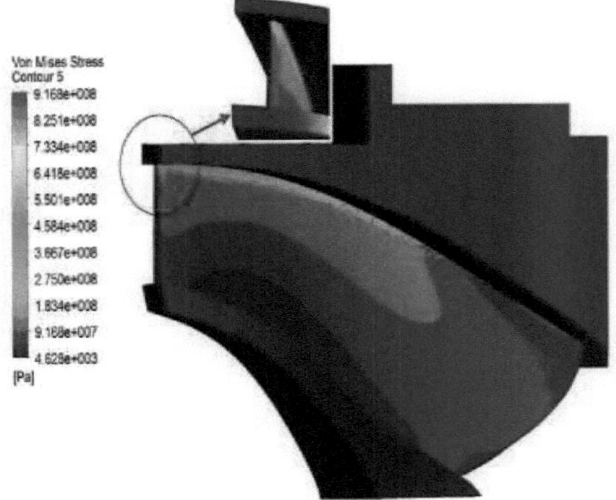

Reference design

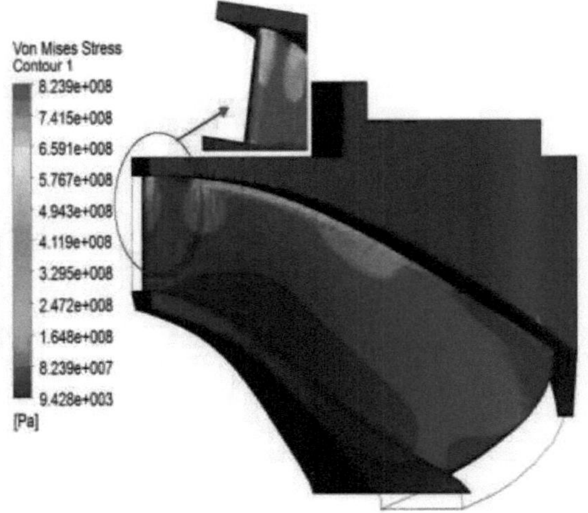

Optimized design

Figura 8.5: Distribuição das tensões no corredor a partir do FSI bidirecional

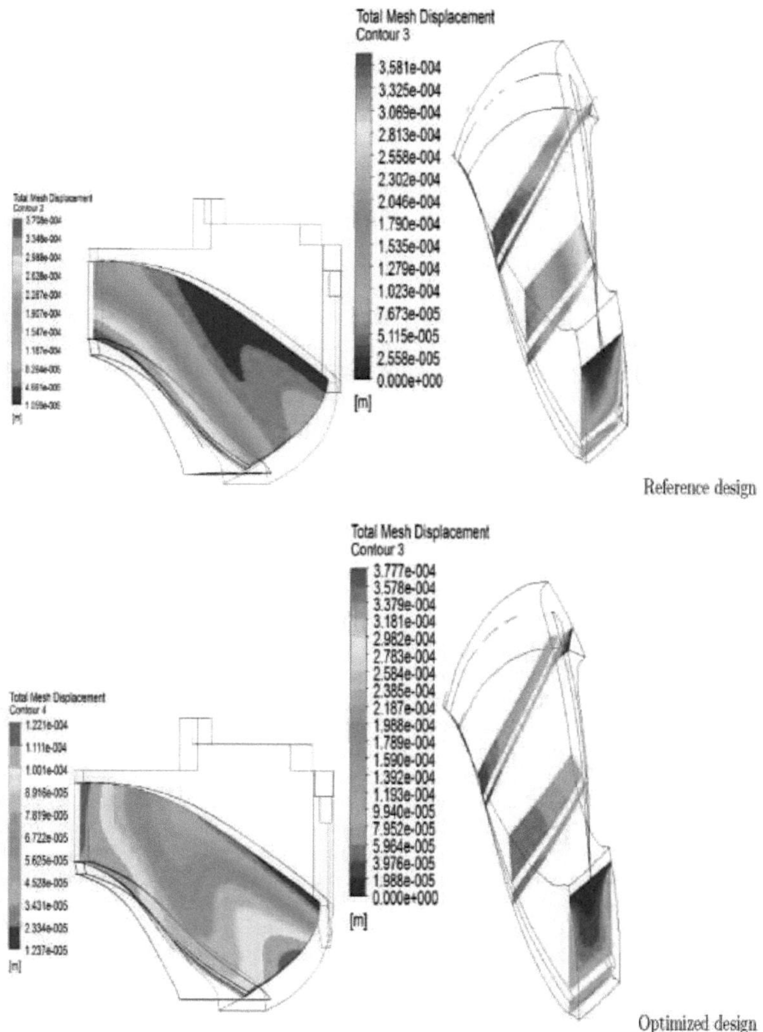

Figura 8.6: Deformação da malha no domínio dos fluidos devido ao FSI bidirecional

Conclusão

O objetivo deste trabalho de projeto foi efetuar a análise FSI dos rotores Francis de referência e optimizados expostos à erosão sedimentar. Foi escolhido um rotor optimizado entre 5 formas de pás propostas por estudos anteriores com base na redução do efeito de erosão sem afetar a eficiência. O efeito de erosão foi imposto no ANSYS-CFX com o modelo de erosão de Tabakoff através da construção de um modelo independente da malha. Foram escolhidos alguns pressupostos para construir os parâmetros CFD, tais como a forma, o tamanho e a concentração das partículas de quartzo no escoamento. No entanto, foi efectuado um estudo de sensibilidade, onde foi observado o efeito da alteração destes parâmetros. Para tal, estabeleceu-se inicialmente um caso de referência e variou-se um único parâmetro de cada vez, mantendo os outros parâmetros constantes.

Os resultados do CFD foram muito sensíveis ao tamanho e à distribuição da malha. A malha CFD foi feita com a ajuda da topologia optimizada ATM em Turbogrid, que é conhecida por gerar uma malha de alta qualidade mas com menos liberdade de escolha. Ao diminuir o rácio do fator, verificou-se que a convergência podia ser obtida nos resultados. Foi escolhida uma contagem de nós de malha de 0,75 milhões de nós para o estudo FSI, mas, para estudar melhor o padrão de erosão, foi escolhida uma malha de 1,25 milhões de nós para o estudo CFD. Entre as cinco lâminas diferentes do rotor, verificou-se que a forma-4 (o significado físico da forma é descrito na figura 4.6) reduziu o efeito da erosão em 21% sem afetar a eficiência. Por conseguinte, foi escolhida para o estudo posterior.

O modelo estrutural da pá e de um sector do rotor foi feito no Pro-E, com a ajuda dos ficheiros de curvas gerados a partir do programa Matlab. Durante a geração da secção do rotor, as regiões do cubo e do invólucro foram recortadas de modo a coincidirem com o modelo do fluido. Foram considerados dois tipos de condições de fronteira, tendo a análise FSI sido efectuada em cada um dos casos. No primeiro caso, foi criada uma única pá sem o cubo e a cobertura, ao passo que no segundo caso, foi desenvolvida a geometria completa constituída por um sector com 1/17 do rotor total. Os resultados mostraram que as tensões, que foram representadas como a tensão de Von Mises equivalente, eram maiores no segundo caso do que no primeiro. Isto deve-se ao efeito das juntas e às cargas impostas no cubo e na cobertura, que não foram consideradas no primeiro caso.

O FSI unidirecional foi realizado no Capítulo 7 em ambos os casos e em ambos os projectos. Foi efectuado um estudo independente da malha no primeiro caso, considerando uma malha tetraédrica mapeada em torno da pá. Para o segundo caso, foi utilizada uma malha de tamanho fixo em ambas as concepções. O FSI foi imposto através da importação das cargas do CFD nas superfícies da estrutura. Num dos casos de FSI, a propriedade de simetria cíclica da pá foi estabelecida através da definição das fronteiras periódicas alta e baixa. Foram impostas outras condições de fronteira, como a velocidade de rotação, a gravidade e o apoio fixo na superfície que liga o cubo ao veio. Os resultados do FSI unidirecional mostraram que a tensão máxima no rotor é menor no projeto optimizado do que no projeto de referência, em ambos os casos. O valor da tensão máxima no rotor diminuiu cerca de 14%. Pelo contrário, a deflexão máxima do rotor aumentou cerca de 6%.

O FSI bidirecional foi realizado no Capítulo 8 em ambos os casos e em ambos os projectos. Isto foi feito escrevendo um ficheiro de entrada do caso estrutural que consistia na mesma condição de fronteira que o FSI unidirecional, mas importando-o para o CFX nas fronteiras especificadas. A deformação da malha nestes limites foi selecionada com o modelo de deformação da malha fornecido. O número máximo de iterações de escalonamento foi escolhido para ser 10, mas verificou-se que os resultados convergiram após um máximo de 8 iterações. O pós-processamento para ambos os campos foi efectuado no CFX-Post. No primeiro caso de condição de fronteira, o valor máximo da tensão aumentou cerca de 29% para o projeto optimizado em relação ao projeto de referência. No entanto, no segundo caso, o valor da tensão máxima diminuiu cerca de 10%. Em comparação com o FSI unidirecional, o valor da tensão máxima foi cerca de 7 vezes superior ao do FSI bidirecional. A diferença nos resultados com a mesma malha e condições de fronteira mostra a importância da realização da análise totalmente acoplada neste domínio. Esta grande diferença também se deveu às diferentes formas de impor a condição de fronteira de simetria cíclica ao rotor. Verificou-se que, quando o comando APDL foi utilizado para criar a propriedade cíclica do sector, resultou em problemas de mapeamento. Este problema podia ser resolvido no Workbench Static Structural utilizando diretamente a opção *model* > *symmetry* > *cyclicsymmetry* na árvore de contornos e selecionando as fronteiras periódicas superior e inferior. No entanto, esta opção não era possível para o FSI bidirecional até à versão atual do ANSYS. Assim, para o FSI bidirecional, foi utilizado o comando APDL para impor a propriedade de simetria cíclica. Verificou-se que a utilização do comando APDL não só apresenta o problema de mapeamento, como também sobrestima as tensões em certa medida. Deste modo, os resultados do IEEF bidirecional poderiam ter aumentado um pouco mais do que o esperado, para o segundo caso. Uma demonstração da comparação entre as duas formas de impor a condição de simetria cíclica é apresentada no Apêndice-II do Capítulo 12.

Uma outra limitação da versão ANSYS foi a restrição na seleção do tipo de malha. Verificou-se que um modelo com uma propriedade de simetria periódica não era capaz de gerar uma malha hexagonal. A fim de manter a consistência no tipo de malha, foi utilizada uma malha tetraédrica para todos os casos. A criação de uma malha hexagonal pode resultar num melhor mapeamento com a interface do fluido devido ao tipo semelhante da malha.

Possibilidades futuras no domínio em causa

- No caso da análise CFD, o estudo de convergência da malha foi efectuado apenas na pá de referência. No entanto, a realização do estudo em todas as lâminas garantirá a correção das soluções, uma vez que todas as lâminas serão independentes da malha.
- No caso da análise estrutural, o estudo da malha foi efectuado apenas no primeiro caso, em que apenas foi considerada uma única pá. Verificou-se que, para o segundo caso, eram necessários cerca de 2 milhões de malhas para obter uma solução independente da malha. Para efetuar o estudo da malha para este caso, é necessário um tempo de cálculo muito elevado. Além disso, a malha hexagonal mapeada poderia ser gerada a partir de outras ferramentas de malha ou softwares para obter melhores resultados.
- Neste estudo, foi considerada uma única pá do rotor. O programa Matlab que foi utilizado para gerar os ficheiros de curvas da pá também pode gerar ficheiros de curvas e parâmetros de entrada das palhetas guia e de apoio. Isto pode ser útil para encontrar informações sobre a erosão nestas regiões, juntamente com a sua integridade estrutural.
- Este projeto continuou a assumir que os resultados eram estáveis. No entanto, ao considerar as palhetas-guia, os cálculos transitórios puderam ser efectuados e as forças instáveis nas pás do rotor puderam ser conhecidas.
- Neste estudo, o material da estrutura foi escolhido como "aço estrutural". No entanto, a análise tem de ser efectuada para o material exato a partir do qual o fabrico é feito. Os materiais mais comuns escolhidos são o aço inoxidável e as ligas de titânio e níquel.
- Tem de ser efectuado um mapeamento perfeito dos dois domínios (fluido e estrutura). Isto aumentará a exatidão da solução.

Bibliografia

Khadka, P., Khadka, B.S.,
Apresentação sobre o desenvolvimento da energia hidroelétrica no Nepal,
Autoridade da Eletricidade do Nepal (NEA), 2011.
Thapa, B.S., Thapa, B., Dahlhaug, O.G.,
Centro de excelência na Universidade de Kathmandu para I&D e certificação de ensaios de turbinas hidráulicas,
Actas da Conferência Internacional sobre Medição da Eficiência Hidráulica, Índia, 2010.
Thapa, B.S., Thapa, B., Dahlhaug, O.G.,
Investigação atual em turbinas hidráulicas para a manipulação de sedimentos , Journal of Energy, 2012.
Price, T., Probert, D.,
Aproveitamento de energia hidráulica: Um guia prático,
Applied energy Vol 57, No. 2/3, Elsevier Science Ltd.,1997, pp. 175-251.
Stachowiak, G.W., Batchelor, A.W.,
Desgaste abrasivo, erosivo e por cavitação,
Engineering Tribology (3-Edition), Burlington: Butterworth-Heinemann, 2006, pp. 501-551.
Dixon, S.L.,
Mecânica dos Fluidos Termodinâmica de Turbomáquinas,
Butterworth-Heinemann, Oxford, 1998.
Paulsen, J.B.,
Análise FSI de uma turbina Francis,
Tese de mestrado, NTNU, 2012.
Rajput, R.K., Chand, S.,
Um livro de texto sobre máquinas hidráulicas,
Mecânica dos Fluidos e Máquinas Hidráulicas-Parte II, 1998.
Chauhan, A.K., Goel, D.B., Prakash, S.,
Comportamento à erosão de aços de turbinas hidráulicas,
Instituto Indiano de Tecnologia, 2007.
Wood, R.J.K.,
Tribologia de revestimentos de WC-Co por aspersão térmica,
Jornal Internacional de Metais Refractários e Materiais Duros, 2010, p. 82-94.
Truscott, G.F.,
Literature survey of abrasive wear in hydraulic machinery, Wear, 1972, p. 29-50.
Bardal, E., Korrosjon, Korrosjonsvern,
Trondheim : Tapir, 1985 (em norueguês).
Tsuguo, N.,
Estimativa do ciclo de reparação da turbina devido à abrasão causada pela areia em suspensão e determinação da capacidade da bacia de desassoreamento,
Actas do seminário internacional sobre técnicas de manuseamento de sedimentos, NHA, Kathmandu, 1999.
Thapa, B.S., Thapa, B., Dahlhaug, O.G.,
Modelação empírica da erosão sedimentar em turbinas Francis,
Journal of Energy, Volume: 41, 2012, pp. 386-391.
Kjolle, A.,
Energia hidroelétrica na Noruega, equipamento mecânico,
Survey, Universidade Norueguesa de Ciência e Tecnologia (NTNU), Trondheim, 2001.
Neopane, H.P.,
Sediment Erosion in Hydro Turbines, tese de doutoramento, NTNU, 2010.

Thapa, B., Shrestha, R., Dhakal, P., Thapa, B.S.,
Sediment in Nepalese hydropower projects, Actas da conferência internacional sobre os grandes Himalaias: Climate, Health, Ecology, Management and Conservation, Nepal, 2003.
Thapa, B.,
Sand Erosion in Hydraulic Machinery, tese de doutoramento, NTNU, 2004.
Gjosaester, K.,
Projeto hidráulico de uma turbina Francis exposta à erosão de sedimentos, Tese de Mestrado, NTNU, 2011.
Drtina, P., Sallaberger, M.,
Hydraulic turbines - basic principles and state-of-the-art computational fluid dynamics applications, Sulzer Hydro AG, Zurique, 1999.
Thapa, B.S.,
Projeto hidráulico da turbina Francis para minimizar a erosão dos sedimentos, tese de mestrado, Universidade de Katmandu, 2011.
Wang, W.Q., He, X.Q., Zhang, L.X., Liew, K.M., Guo, Y.,
Strongly coupled simulation of fluid-structure interaction in a Francis hydro turbine, International journal for numerical methods in fluids, Wiley Interscience, 2008, pg: 515-538.
Schmucker, H., Flemming, F., Coulson, S.,
Two-way coupled fluid structure interaction simulation of a propeller turbine, 25th IAHR Symposium on Hydraulic Machinery and Systems, Voith Hydro GmbH and Co. KG, Alemanha, 2011.
Guia de Análise de Campo Acoplado ANSYS,
ANSYS Release 10.0, 2005.
Slone, A.K., Pericleous, K., Bailey, C., Cross, M.,
Dynamic fluid-structure interaction using finite volume unstructured mesh procedures, Computers and Structures, pg: 371-390, 2001.
Eltvik, M., Thapa, B.S., Dahlhaug, O.G., Gjosaeter, K.,
Numerical analysis of effect of design parameters and sediment erosion on a Francis runner, Actas da Quarta Conferência Internacional sobre Recursos Hídricos e Desenvolvimento de Energias Renováveis na Ásia, Tailândia, 2012.
Wei, Z., Finstad, P.H., Olimstad, G., Walseth, E., Eltvik, M.,
High Head Hydraulic Machinery, compêndio, Laboratório de Energia Hídrica, NTNU, 2009.
Negru, R., Marsavina, L., Muntean, S.,
Análise do campo de tensões induzidas pelo escoamento numa pá do rotor de uma turbina Francis,
Buletinul Institutului Politehnic Din Iasi (Boletim do Instituto Técnico de Iasi), 2011.
Negru, R., Muntean, S., Marsavina, L., Susan-Resiga, R., Pasca, N., *Computation of stress distribution in a Francis turbine runner induced by fluid flow*, Proceedings of the 21st International Workshop on Computational Mechanics of Materials, 2011.
Saeed, R.A., Galybin, A.N., Popov, V., Abdulrahim, N.O.,
Modelação do rotor da turbina Francis em centrais eléctricas. Parte II: análise de tensões, WIT Transactions of the Built Environment, Vol 105, 2009.
Lais, S., Liang, Q., Henggeler, U., Weiss, T., Escaler, X., Eguasquiza, E., *Dynamic Analysis of Francis Runners-Experiment and Numerical Simulation*, International Journal of Fluid Machinery and Systems, Vol 2, 2009.

Apêndice I

Algumas discrepâncias em relação ao programa de conceção (Khoj)

Os ficheiros de curvas das pás, juntamente com as condições de fronteira necessárias para as simulações CFX, foram retirados do programa de desenho Matlab chamado 'Khoj'. Mais informações sobre as teorias e a execução do programa podem ser encontradas nos artigos anteriores [19] e [21]. Neste projeto de tese, estes parâmetros e ficheiros foram necessários como entradas para realizar o CFD e o FSI na parte posterior do projeto. A saída 'Parâmetros CFX' foi fornecida da seguinte forma: Estes parâmetros fornecem informações sobre as condições de entrada, a velocidade de rotação do rotor e a direção do fluxo para a palheta fixa, a palheta diretora e a entrada do rotor separadamente. Estes parâmetros dão a liberdade de modelar o rotor independentemente ou em conjunto com os componentes estacionários, quando necessário. Foram levantadas algumas preocupações durante a utilização destes parâmetros, que são discutidas neste capítulo. Os resultados gerados nos estudos anteriores e as conclusões foram alterados em conformidade

```
Blades                                      17.000000
Flow rate                                   2.350000
Rotational speed                            -1000.000000
Velocity components:
Between runner and guide vanes:
C_theta                                     0.976757
C_r                                         0.214349
C_z                                         0.000000
Between guide vanes and stay vanes:
C_theta                                     0.834840
C_r                                         0.550493
C_z                                         0.000000
At stay vane inlet:
C_theta                                     0.855737
C_r                                         0.517410
C_z                                         0.000000
```

11.1 Direção do fluxo de entrada

O gráfico do vetor de fronteira na entrada para os "parâmetros CFX" dados é apresentado na Figura 11.1. Mostra que a direção do escoamento para a entrada não está alinhada corretamente.

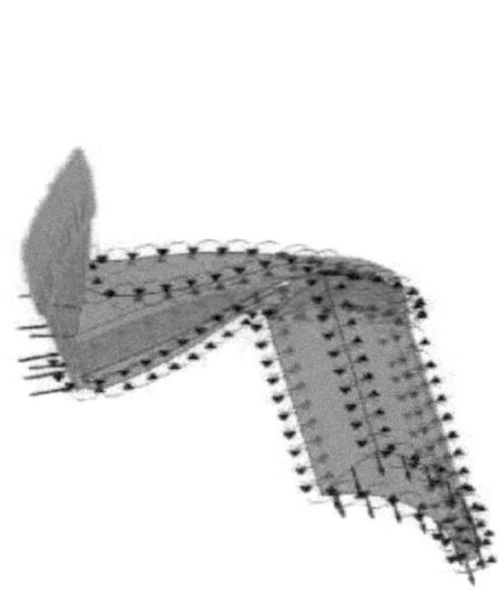

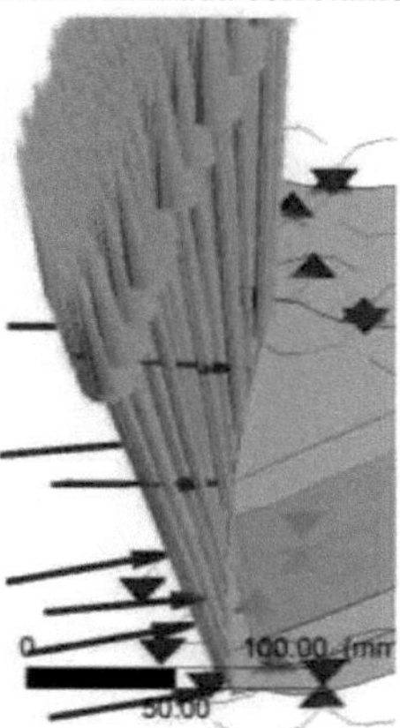

Figura 11.1: Vetor de fronteira na entrada com a direção de escoamento dada

A explicação da direção do escoamento é explicada na Figura 11.2. Os eixos de coordenadas aqui definidos estão de acordo com a convenção utilizada no CFX. Pode ver-se que a componente tangencial da velocidade deve estar na direção da rotação, que é negativa. Além disso, a componente radial deve estar na direção do interior, que também é negativa neste caso.

Este desalinhamento não foi observado apenas na entrada do rotor, mas mesmo quando os componentes estacionários foram modelados, o vetor de fluxo estava na direção oposta, como se mostra na Figura 11.3. Aqui, tanto a palheta diretora como a palheta fixa foram modeladas e a condição de entrada foi dada de acordo com o mesmo ficheiro, mas para a entrada da palheta fixa. Isto pode ser mais claramente compreendido para o domínio estacionário, uma vez que não existe componente rotacional e, com isso, a velocidade absoluta deve estar alinhada com a direção do escoamento. Pode ver-se que o ângulo de entrada parece aceitável, mas a direção foi desalinhada.

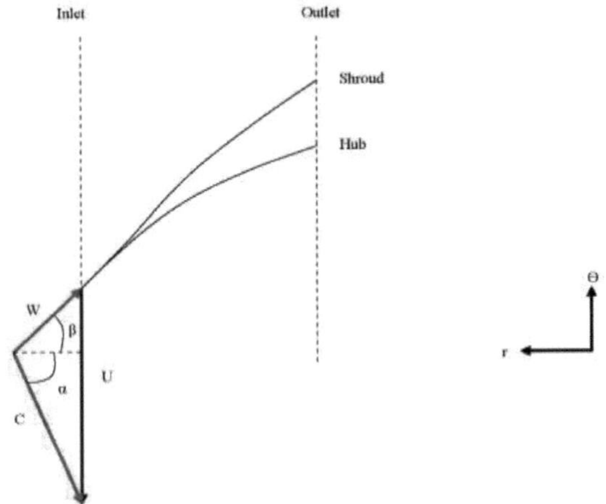

Figura 11.2: Vetor de fronteira na entrada com a direção de escoamento dada

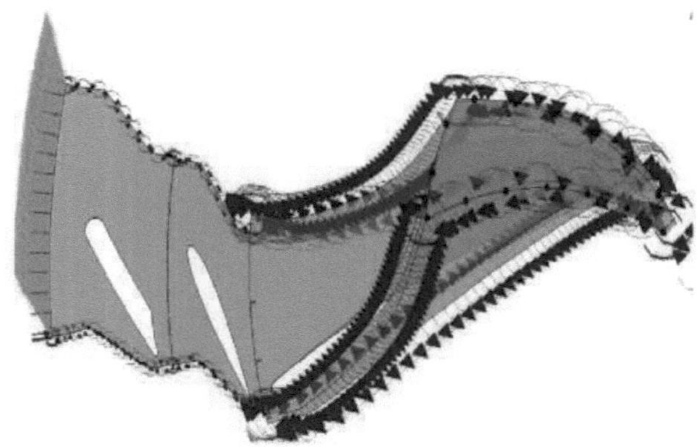

Figura 11.3: Vetor de fronteira na entrada com a direção de escoamento dada

11.1.1 Modificação e influência no resultado

A modificação foi feita no ficheiro "CFX parameters", alterando a direção das componentes tangencial e radial. Os parâmetros modificados são apresentados de seguida

```
Blades                                17.000000
Flow rate                             2.350000
Rotational speed                      -1000.000000
Velocity components:
Between runner and guide vanes:
C_theta                               -0.976757
C_r                                   -0.214349
C_z                                   0.000000
Between guide vanes and stay vanes:
C_theta                               -0.834840
C_r                                   -0.550493
C_z                                   0.000000
At stay vane inlet:
C_theta                               -0.855737
C_r                                   -0.517410
C_z                                   0.000000
```

Foi observado um efeito significativo no gráfico de densidade de erosão de sedimentos. A maior diferença foi observada quando os componentes estacionários foram modelados, como mostrado na Figura 11.4. Com a informação fornecida, não foi observado qualquer efeito de erosão nos componentes da turbina, o que indica alguns erros nos parâmetros do CFX. Ao mudar a direção, conforme discutido acima, o padrão de erosão foi observado profundamente e nos locais esperados (palheta guia, entrada da palheta fixa e saída do rotor). Mesmo quando apenas o rotor é modelado, a erosão foi observada em maior quantidade quando as direcções foram modificadas do que quando não foram modificadas.

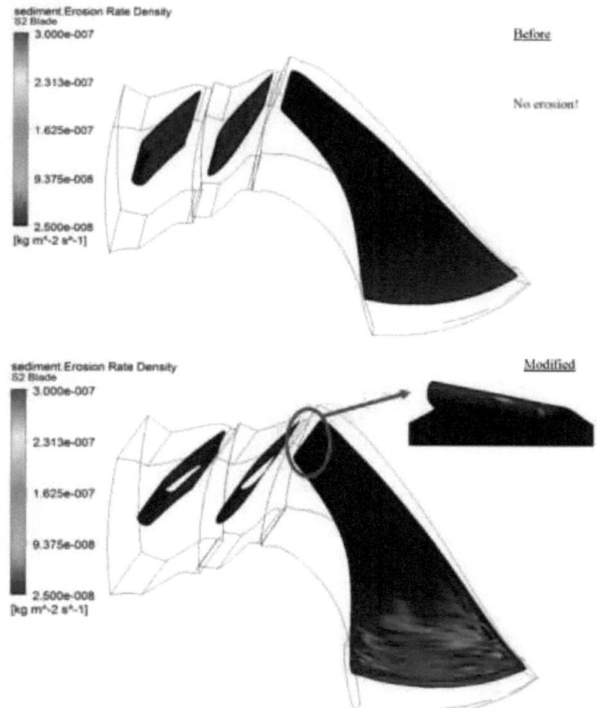

Figura 11.4: Resultado das duas direcções de fluxo, não modificado (em cima) e modificado (em baixo)

11.2 Saída das palhetas-guia e entrada do rotor

Os ficheiros de curvas e os parâmetros de fronteira no código Matlab foram concebidos de forma a atingir a melhor condição de eficiência. Isto sugere que a solução entre os dois casos, i) quando apenas a pá do rotor é modelada e ii) quando os componentes estacionários são modelados juntamente com a pá do rotor, não deveria variar muito. Não foi esse o caso, uma vez que os resultados, em termos de altura manométrica, eficiência, padrão de erosão de sedimentos e outros resultados, não parecem coincidir entre os dois casos, e também no caso em que a palheta diretora e a pá foram modeladas. Esta discrepância é apresentada na Figura 11.5. A densidade de erosão do caso do rotor apenas é mais elevada do que no caso do estágio completo. Além disso, quando os componentes estacionários são modelados, a erosão também é observada na direção da entrada do rotor. Ao observar outros gráficos, verificou-se que a linha de fluxo do escoamento nos dois casos é diferente. As linhas de fluxo do último caso parecem estar distorcidas, o que também afectou a distribuição da pressão à volta da pá. Isto afectou diretamente a altura manométrica total, uma vez que é mencionado na figura que a altura manométrica total foi reduzida em 75% quando os componentes estacionários foram modelados. Mais uma vez, os parâmetros do CFX foram retirados do mesmo ficheiro e os ficheiros de curvas do mesmo desenho, o que significa que os resultados não deveriam variar tanto. Após uma investigação mais aprofundada, verificou-se que a palheta guia do último caso não estava alinhada na posição correta, ou seja, na condição projectada. O ficheiro do relatório de saída mostrou que a palheta diretora estava alinhada de tal forma que o caudal à entrada do rotor estava num ângulo de 72°, mas no caso em que apenas o rotor foi modelado, o caudal à entrada do rotor estava num ângulo de 77°. Isto significa que o ficheiro da curva da palheta diretora representa a condição de não conceção e, para obter os ficheiros da curva na melhor condição de eficiência, o código Matlab tem de ser revisto novamente.

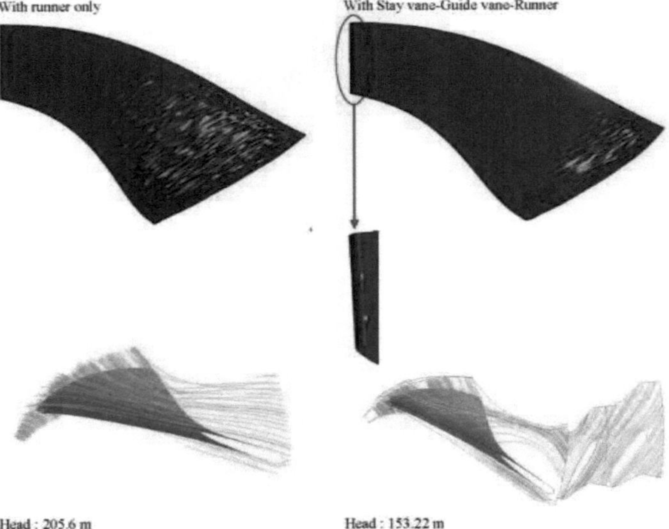

Figura 11.5: Discrepância entre os resultados quando apenas o corredor e a fase completa são modelados

Apêndice-II - Imposição de condições de fronteira de simetria cíclica no ANSYS

Verificou-se que as condições de fronteira de simetria cíclica podem ser impostas no ANSYS Workbench por qualquer uma das duas formas:

- A partir do workbench, escolher a propriedade de simetria e selecionar os limites superior e inferior do corpo simétrico. Para tal, é necessário definir um novo sistema de coordenadas cilíndricas e a geometria exacta do lado superior e inferior, para que as geometrias e a malha sejam corretamente mapeadas.

- Utilizando comandos em Mechanical (APDL). Isto também pode ser feito no próprio workbench, escrevendo os seguintes comandos, /prep7 cyclic,17 /solu

  As tolerâncias para mapear as faces podem ser escolhidas consoante a necessidade.

As soluções das duas opções acima apresentadas eram aparentemente diferentes. No último caso, quando o comando APDL foi utilizado para impor a propriedade cíclica ao corredor, resultou em alguns problemas de mapeamento. Uma solução para eliminar este problema consiste em definir determinadas tolerâncias para a malha mapeada. Mas como esta opção não permite obter uma solução robusta, optou-se pela opção anterior. Aqui, ao definir os limites superior e inferior da região cíclica, o problema do mapeamento não persistiu. Esta comparação é apresentada na Figura 12.1. Além disso, pode ver-se a partir da comparação que a tensão máxima prevista pelo último caso é muito superior à do primeiro caso.

Embora os resultados do primeiro caso tenham sido adoptados para a FSI unidirecional, esta opção não era válida para a FSI bidirecional até à versão atual. Por conseguinte, foi escolhida a segunda opção para esse caso. Embora os problemas de mapeamento não pudessem ser observados no FSI bidirecional, uma vez que o pós-processamento é efectuado no CFX-Post, é de esperar que os resultados da análise sobrestimem as tensões em certa medida.

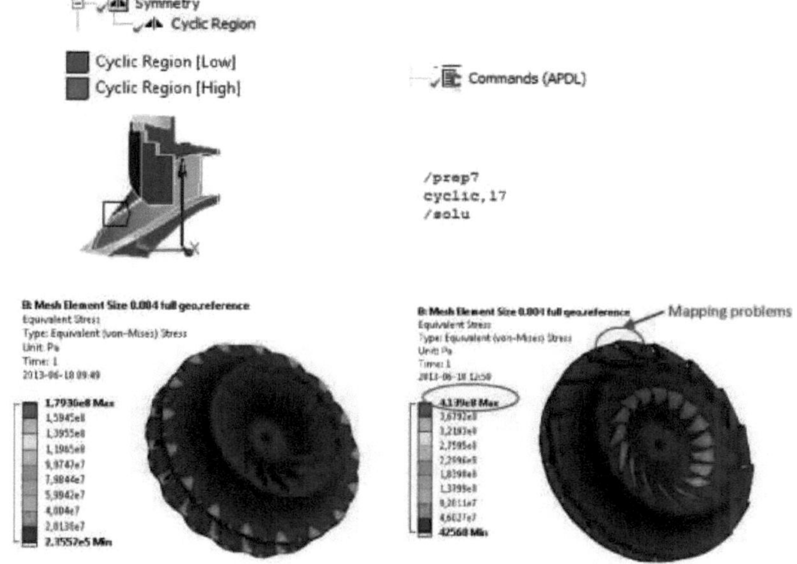

Figura 12.1: Opções para impor a propriedade de simetria cíclica ao sector do corredor

Printed by Books on Demand GmbH, Norderstedt / Germany